天津市重点出版扶持项目

科学蒲公英系列

探索海洋

编　　著　科学蒲公英工作室

编　　审　姚剑波　仲小敏　张恺
执行编辑　宋媛媛　郭彤阳　吴凯伦
　　　　　李雪　　马紫薇　张婉
插　　图　刘冰　　于源　　付英飞
　　　　　徐满满　王欣　　邢妍

天津出版传媒集团
天津科技翻译出版有限公司

图书在版编目（ＣＩＰ）数据

探索海洋/科学蒲公英工作室编著.—天津：天
津科技翻译出版有限公司，2021.6
（科学蒲公英系列）
ISBN 978-7-5433-4113-5

Ⅰ.①探... Ⅱ.①科... Ⅲ.①海洋—青少年读物
Ⅳ.①P7-49

中国版本图书馆CIP数据核字（2021）第047808号

探索海洋

TANSUO HAIYANG

出　　版：天津科技翻译出版有限公司
出 版 人：刘子媛
地　　址：天津市南开区白堤路244号
邮政编码：300192
电　　话：（022）87894896
传　　真：（022）87895650
网　　址：www.tsttpc.com
印　　厂：北京博海升彩色印刷有限公司
发　　行：全国新华书店
版本记录：710mm×1000mm　16开本　10印张　100千字
　　　　　2021年6月第1版　2021年6月第1次印刷
　　　　　定价：58.00元

前　言

生命的起源始于海洋，没有蔚蓝的海洋，就没有生机勃勃的地球。从宇宙空间看地球，你会发现大部分都被海洋覆盖，实事上地球表面覆盖着超过70％的海洋！海洋与人类的生活息息相关，它对气候、天气、生态系统、季节和人类生活有着重要的影响。

海洋像一个巨大的宝库，它蕴含着相当丰富的资源。海洋对我们来说是神秘的，有很多未知等待人类去探索。神奇的海洋世界和造型各异的海洋生物总是能引起人们强烈的好奇，特别是青少年。好奇心是创造力发展的前提，它驱动着青少年自主地探究问题、学习知识、开展实践。

科学蒲公英工作室根据青少年认知发展水平，对之前大量的教学实践经验进行总结，联合天津师范大学教育学部，开发、设计并组织编写了《探索海洋》这本科普书。作为《科学蒲公英系列》丛书的一个分册，本书面向青少年，全面而系统地介绍了海洋资源的丰富种类和人类对海洋资源的探索和利用，集知识性、趣味性与科学性于一体，图文并茂，深入浅出，通俗易懂。

随着中小学新课改的进一步推进，教育部门越来越关注学生的综合能力发展。本书注重培养青少年解决实际问题的能力和创新能力，使青少年通过学习海洋资源的知识，认识人类在利用海洋资源过程中存在的问题，引导青少年进行思考与探索，树立正确的世界观，认识构建和谐的人类与海洋关系的意义。本书可配合小学科学课开展科学探究、科学实验等拓展活动，可作为有意开发海洋特色课程的中小学校的重要参考书目。

书中的科学小实验和户外实践活动，十分适合家庭亲子教育活动，孩子与家长共同完成任务，在学习知识的同时增进亲子间的交流。书中安排了科学探究、开放性问题等内容，形式生动，避免了单纯的知识传授，侧重于激发青少年的求知欲望和探索精神，激起他们热爱科学和追求科学的热情。本书还可作为校外科普场馆等机构开展科学教育活动的参考书目。

在本书编写过程中，得到了各主管单位领导和行业学（协）会专家的支持与建议，在此一并表示感谢。我们希望阅读此书的读者们能一探海洋奥秘，在知识的海洋里乘风破浪，获得无穷乐趣！

科学蒲公英工作室

目 录

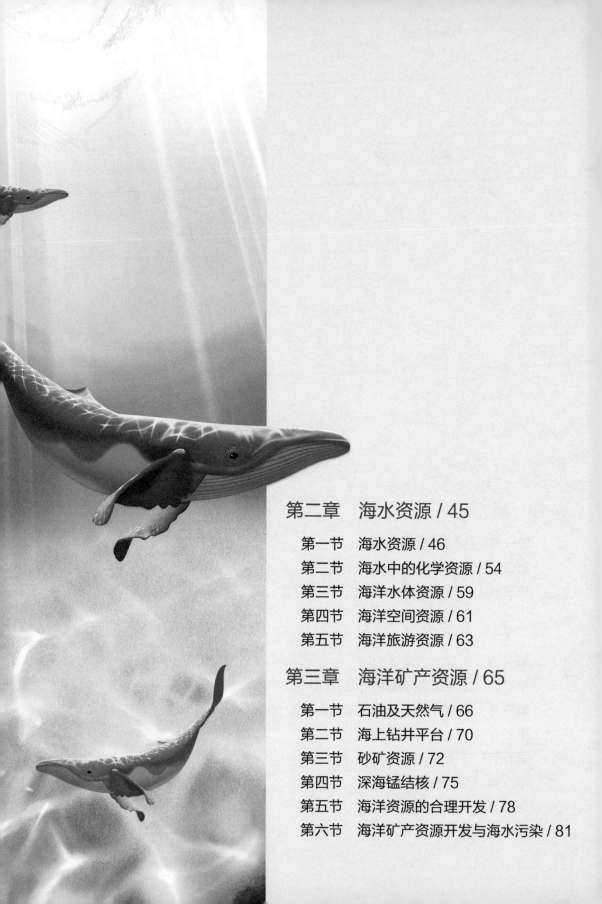

序 章

第一节 地球之蓝——海洋

趣味链接

你知道吗，地球上的海洋总面积约为 3.6 亿平方千米，比陆地面积要大得多，大约占地球表面积的 71%。"地球"应该改名为"水球"与它的形象才相符合。

海洋是"海"和"洋"的总称。海洋的边缘部分称为海，中心部分称为洋，地球上的海洋相互连通组成统一的水体。从地理理论上说，海洋中心才可称之为"洋"，而大陆边缘或者海洋边缘占小部分的地方应称之为"海"。

地球表面被各大陆地隔开，彼此相通的广大水域称为海洋。地球的表面积为 5.1 亿平方千米，海洋占据了其中的 71%，即 3.6 亿平方千米，剩余的 1.5 亿平方千米为陆地，仅占地球表面积的 29%。也就是说，地球上的陆地还不足 1/3。所以，宇航员从太空中看到的地球是一个蓝色的"水球"，而我们人类居住的广袤大陆实际上不过是一片汪洋中的几个"岛屿"而已。有人建议将地球的名字改为"水球"不是没有道理的。

地球上四个主要的大洋为太平洋、大西洋、印度洋和北冰洋，大部分以陆地和海底地形线为界。太平洋、大西洋和印度洋分别占海洋总面积的 46%、24% 和 20%。位于大陆边缘重要的边缘海多分布于北半球，它们以半岛、岛屿或群岛的形式与大洋分隔，又以海峡或水道与大洋相连。

海洋中约含有 13.5 亿立方千米的水，约占地球上总水量的 97%。大

洋的水深一般在 3000 米以上，最深处可达 1 万多米。如果把世界上最高的珠穆朗玛峰放在最深处的沟底，峰顶将不能露出水面。不少登山爱好者成功地征服了珠穆朗玛峰，但探测深海的奥秘却是极其困难的。截至目前，人类已探索的海底只有 5%，有 95% 的海底是未知的。可见，海洋是如此的气势磅礴，又是如此的神秘莫测。在海洋之中，还有很多的未知等待着我们去探索。

海洋的形成

大约在 50 亿年前，一些星云团块从太阳星云中分离出来，它们一边围绕太阳旋转，一边进行自转。在运动过程中，它们互相碰撞，有些团块彼此结合导致逐渐变大，慢慢成为原始地球。在高温下，原始地球内部的水汽化，与气体一起冲出来，飞升到空中。但由于地心具有引力，它们只能在地球周围成为气水合一的圈层。

在很长的一个时期内，天空中水汽与大气共存于一体，浓云密布。随着地壳温度逐渐降低，大气的温度也慢慢地降低，水汽变成水滴，越积越多。由于冷却不均，空气对流剧烈，形成雷电狂风，暴雨浊流，雨越下越大，下了很久。滔滔的洪水通过千沟万壑汇集成巨大的水体，这就是原始的海洋。

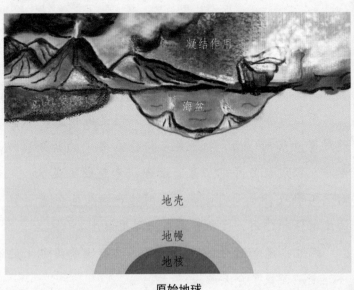

原始地球

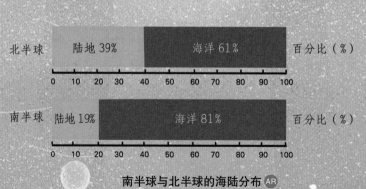

南半球与北半球的海陆分布

海洋的形成

　　原始海洋中的海水不是咸的，而是酸性且缺氧的。水分不断蒸发，通过降雨落回地面，把陆地和海底岩石中的盐分溶解，不断地汇集于海水中。经过亿万年的积累、融合，才变成了咸水。同时，由于大气中当时没有氧气，也没有臭氧层，对生命体有害的紫外线可以直达地面，但海水有保护作用，生物首先在海洋里诞生。

　　经过水量和盐分的逐渐积累，以及地质历史上的沧桑巨变，原始海洋逐渐演变成了今天的海洋。

第二节　海中奇宝——海洋资源

趣味链接

2017 年 5 月 18 日，时任国土资源部部长姜大明在南海神狐海域钻井平台"蓝鲸 1 号"上宣布："中国在神狐海域天然气水合物试采成功！"天然气水合物也叫可燃冰，我国在这一领域实现了历史性突破，中共中央、国务院发出贺电。这件事受到如此重视，你知道为什么吗？

海洋生物——海豚

海洋矿产知多少

目前人们已经发现的海洋矿产资源有以下六大类：

1. 石油、天然气；
2. 煤、铁等固体矿产；
3. 海滨砂矿；
4. 多金属结核和富钴锰结壳；
5. 热液矿藏；
6. 可燃冰；

由于人类对两极海域和广大深海区的调查还不够深入，大洋中有多少海底矿产难以知晓。

海洋资源是自然资源之一，包括存在和形成于海洋中的相关资源。例如，在海洋中生存的动植物、微生物，海底的矿产，海水中蕴含的化学元素，波浪、潮汐、洋流产生的能量，甚至海水形成的压力差、浓度差等，都属于海洋资源。除此之外，海洋还为人类提供了生产、生活及娱乐的空间和设施，这也在海洋资源的范畴中。

畅想未来

如果未来人类在海洋上建起城市，你觉得我们在这些城市里会用到哪些海洋资源呢？我们又将如何利用呢？

随着海洋科学技术的进步，许多研究结果表明，海洋是一个巨大的资源宝库。当今世界正面临资源枯竭、能源短缺的局面，许多科学家把目光投向了海洋。在 21 世纪，海洋将成为人类开发的重点领域，对海洋资源的可持续开发是一项重大的战略任务。

沿海资源开发模式 AR

　　近几十年来,许多国家特别是沿海国家逐渐把注意力转向海洋,试图从海洋中获取各种矿产资源进行经济发展。目前,海底石油、天然气的开发和利用在许多国家已发展成主导产业,将海滨砂矿作为建筑材料和工业原料加以利用。

　　此外,科学家们还在积极探索锰结核、磷钙土等海洋资源。海洋资源的种类丰富,持续合理地开发利用它们,有助于生产、生活,对人类的意义重大。

　　海洋资源主要可以分为"海水资源""海洋矿产资源""海洋生物资源"等类型,本书将在第二、三、四章介绍这些内容。

世界海洋日

　　2009 年,联合国正式确定每年的 6 月 8 日为"世界海洋日",此举旨在呼吁世界各国采取切实措施保护海洋环境,维护海洋生态系统。世界海洋日自确定以来,每年都有不同的主题。2020 年的主题是"为可持续海洋创新"。

第三节 龙宫寻宝——海洋资源开发

趣味链接

1872 年 12 月 7 日至 1876 年 5 月 26 日，英国"挑战者"号进行了首次全球海洋考察。20 世纪中期以后人类对海洋的认识不再停留在海洋水本身上，对海底和海洋上空有了更多探索。进入 21 世纪，迎来了全面开发利用海洋资源和空间的"立体海洋"时代。

中国古代的海洋开发

我国对海洋的开发最早可追溯到远古时代的海洋捕捞。在山东大汶口文化遗址中，有大量海鱼骨骼和成堆的鱼鳞出土。说明在 4000 ~ 5000 年以前，中国沿海的先民已经能猎取鱼类。

我国东部和南部都有海洋环绕，"海洋国土"约 300 万平方千米，海洋资源是非常丰富的。宝贵的石油资源估计约为 240 亿吨，天然气资源估计约为 14 万亿立方米，油气资源沉积盆地约为 70 万平方千米。此外，还有大量可燃冰等资源。我国已经在国际海底区域获得 7.5 万平方千米多金属结核矿区，多金属结核储量 5 亿多吨。

我国有丰富的渔业资源，海域内有 280 万平方千米的海洋渔场，海水中可以进行海产养殖的总面积约为 260 万公顷（1 公顷 = 0.01 平方千米），目前已经进行养殖的面积约为 71 万公顷，浅海滩涂可养殖面积约为 242 万公顷，已经养殖的面积约为 55 万公顷。

当前人类面临着人口问题、粮食问题、环境问题等，我们赖以生存的陆地空间已不堪重负。地球上 80% 的生物资源分布在海洋里，海洋给人类提供食物的能力是陆地的 1000 倍。在海洋生态不受破坏的时候，每年可向人类提供 30 亿吨水产品。海洋的开发利用潜力巨大，前景广阔。

海洋占据了地球表面的大部分区域，虽然并不适合人类居住，但由于人类发明了舟船和各种技术工具，已逐渐走进海洋，对海洋的认识、开发、利用从低级向高级不断发展，从水面、水体到多维立体空间逐渐深化。

海上风力发电 AR

目前，对于人类来说，海洋还是几乎没有被开发的地方。海底资源的丰富程度不亚于大陆。然而非常可惜的是，人类除了近海远洋捕捞、建立钻井平台之外，对海洋基本"无计可施"。海底资源丰富多样，然而在三四千米深的海底，温度很低，压力很大，仅仅是降下一架深海探测器就要数个小时，开发海洋资源的技术还需要继续研究。

可见，人类对于海洋资源的利用还处于探索阶段，不过这只是目前的状态。对海洋的探索，有着光明的未来。

海上钻井平台

中国古代的海洋开发

　　《诗经》中有"沔彼流水，朝宗于海"的诗句，道出了古人对江河百川汇入海洋的认识。西汉时期，我国开辟了从太平洋到印度洋的航线；三国时期的学者严畯写出了第一部关于潮汐的著作《潮水论》；唐宋时期，人们开始编制潮汐表；到了明朝，盐务官员屠本畯创作了《闽中海错疏》，记录了 200 多种海洋动物。

　　同样在明朝，有郑和七次下"西洋"的壮举，他的船队最远到达赤道以南的非洲东海岸和马达加斯加岛，比哥伦布从欧洲到美洲的航行要早半个多世纪。

　　中华民族是一个务实的民族，中国古代对海洋的认识和研究也主要集中在海洋地貌、海洋气象、海洋潮汐和海洋生物四个贴近人类生产、生活的方面。

第一章
海洋概况

第一节　地球上的海洋

并不是每个人都能像加加林那样从太空中遥望我们的地球家园，那么我们怎样才能看到地球呢？

聪明的人类依据地球的模样，制作出了"缩小版的地球"——地球仪。通过观察地球仪我们会发现，地球上大部分都是海洋，在序章中我们提到海洋面积约为 3.6 亿平方千米，接近地球表面积的 71%，陆地仅占 29%。概括来说，如果把地球分成十份，七份是海洋，三份是陆地。但是你知道吗，地球上的水大部分都是海水，海水是不能被直接利用的，人类能饮用的水只占地球总水量的 2%。珍惜水资源，人人有责！

通过观察地球仪，聪明的你发现了什么？

如果把地球从中间分为两个部分，即上半部分和下半部分，上半部分称为北半球，下半部分称为南半球，那么陆地主要集中在北半球，海洋则多分布在南半球。

海洋有多深呢？海洋的平均深度约为 3800 米，像陆地一样，海底也是高低不平的。海洋最深的地方是太平洋的马里亚纳海沟，深度约为 11 034 米。

马里亚纳海沟位于太平洋中西部马里亚纳群岛东侧，它南北长 2850 千米，而宽度只有 70 千米，以近乎壁立的陡崖深深地切入大海的底部。这条海沟的形成据估计已有 6000 万年，是太平洋西部洋底一系列海沟的一部分。

地球仪

地球仪是人们为了便于认识地球，仿照地球的形状，按照一定比例缩小制作而成的地球模型。

海洋深度测量

如何测量海洋的深度？科学家们使用的是回声测深仪，它利用换能器在水中发出声波，声波到达海底后马上反射回来，根据声波往返时间和海水中的声波传播速度就可以得出所测海底与换能器之间的距离。声波在海水中的传播速度随温度、盐度、水中压强等因素的变化而变化。因此，在使用回声测深仪之前要对仪器进行校正。

中国的骄傲

2012 年 6 月，中国"蛟龙号"在马里亚纳海沟下潜，刷新了中国人造机械载人潜水最深记录——7062.68 米。截至 2018 年 1 月，"蛟龙号"已成功下潜 158 次。我们离探索神秘莫测的海洋深处又进了一步。

马里亚纳海沟北侧有阿留申、千岛、日本、小笠原等海沟，南侧有新不列颠、新赫布里底等海沟。海沟中最深的部分称为海渊，马里亚纳海沟中最深处为斐查兹海渊，深度约 11 304 米，是地球的最深处。

像人的名字一样，不同地区的海洋也有自己的名字。我们一起来认识一下吧。

四大洋

地球上的海洋被陆地分隔成彼此相连的四个大洋，按面积从大到小依次为太平洋、大西洋、印度洋、北冰洋。四大洋也泛指地球上的所有海洋。

麦哲伦

麦哲伦，葡萄牙人，航海家、探险家，为西班牙政府效力。1519—1521年率领船队完成环球航行，麦哲伦在途中遇难，船上的水手在他死后继续向西航行，回到欧洲，完成了人类首次环球航行。

你知道太平洋是如何得名的吗？

1520 年，麦哲伦在寻找东方航线的途中，越过惊涛骇浪的大西洋，穿过一道海峡（后被称为麦哲伦海峡）后就变得风平浪静，与先前的航行天差地别，于是就称这个水域为"和平之洋"，中文译为"太平洋"。因为这个名字非常吉利，所以被全世界所承认。

大西洋的由来

"大西"出自古希腊神话中的大力士神阿特拉斯的名字。传说阿特拉斯住在遥远的地方，有立地擎天的能力，人们认为大西洋就是他的栖身之地，故有此称。1845 年，伦敦地理学会将其定名为大西洋。

印度洋为世界第三大洋

1497 年，葡萄牙航海家达·伽马向东寻找印度时，将航行所经过的洋面称为印度洋。1570 年的世界地图集正式将其命名为印度洋。

北冰洋是最冷的海洋，你同意这种观点吗？

北冰洋位于北极，终年冰封，是四大洋中面积最小、最浅的大洋。1845 年，在伦敦地理学会上它被正式命名为北冰洋。

北极熊的家在哪里？

北极熊是世界上最大的陆地食肉动物，又名白熊，体型巨大且凶猛，主要栖息为北极地区。

北冰洋 AR

第二节 海水温度与海水密度

小小旅行

你见过珊瑚吗？听说过大堡礁吗？让我们走进海洋世界，一起认识一下澳大利亚的大堡礁吧！

海水温度

大堡礁是世界上最大、最长的珊瑚礁群，是世界七大自然景观之一。可是美丽的大堡礁正在悄悄地褪去颜色，你知道这是为什么吗？

珊瑚虫本身没有颜色，呈现五颜六色的其实是和珊瑚虫共生的藻类，但是当海水温度太高时，珊瑚虫会将共生藻类排出体外，珊瑚也就失去了颜色，造成珊瑚白化。

你知道是什么造成了海水升温吗？

影响大洋表层海水温度的三个因素如下。

太阳辐射

太阳不仅可以温暖人类，还可以温暖海洋，表层海水的温度直接来自太阳的辐射。

海陆分布

由于北半球陆地面积比南半球大得多，所以北半球表层海水比南半球表层海水的温度要高。

洋流

从低纬度地区流动而来的海水称为暖流，暖流经过的地方海水表面温度要高。

从整体来看，海洋的年平均温度基本不变，这说明海洋在一年中的热收支是基本平衡的。但由于近些年全球变暖，部分地区表层海水温度有所上升，造成了珊瑚的白化。要想留住五彩斑斓的珊瑚，需要我们大家的共同努力。你知道怎样做才能缓解全球变暖吗？

海水温度

海水温度是反映海水热状况的一个物理量。海水温度有日、月、年、多年等周期性变化和不规则变化，这主要取决于海洋热收支状况及其时间变化。

请思考：为什么海水温度比沙滩低？

请思考：把冰放入海水会发生什么变化？

海水密度

实验探究

1. 往两个烧杯中倒入适量自来水。

2. 往其中 1 个烧杯中放入 3 勺盐搅拌，直至溶解。

3. 把 2 个生鸡蛋分别放入烧杯，以防破裂。注意观察 2 个鸡蛋分别发生了哪些变化。

4. 实验完成后记得洗手。

实验揭秘

鸡蛋在盐水中比在淡水中浮得高是因为海水的密度受盐度和温度的影响。海水的密度比淡水大，每升海水的质量比同体积的淡水大，所以海水具有更大的浮力，可以使密度比它小的鸡蛋浮在海水上面。

海水密度的分布与变化

水平分布

受温度的分布与变化的影响，赤道热带海域附近的海水温度高，表层海水密度小，海水密度向两极方向逐渐增大，在两极的寒冷区域出现密度最大值。

观察与思考

观察鸡蛋在不同烧杯中的情形，从中你可以看到淡水和盐水有哪些区别吗？

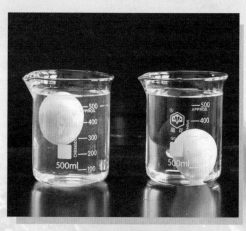

鸡蛋测密度 AR

海水密度

海水密度是指单位体积内的海水质量，其单位是 g/cm^3（或 kg/m^3）。海水温度升高时密度降低，盐度增高时密度升高。

垂直分布

受海水深度和温度的影响，海水密度总趋势是随着海水深度增加而逐渐升高的。

死海揭秘

你听说过死海吗？死海不是海，但是比海水还咸！死海位于巴勒斯坦和约旦的交界处，是一个内陆盐湖。死海的盐度非常高，是一般海水的8倍多，矿物质含量也很高，一般的生物很难生存其中，这也是它被称为"死海"的原因。不会游泳的人掉入死海也不用担心，因为它的高盐度使任何人都能轻松地漂浮，这就是死海的神奇之处。死海中的矿物质还可以治疗风湿病、关节炎等疾病，每年都吸引了大批游客来死海疗养和度假。

第三节　海水的盐度与海水成分

实验探究

把 1 千克海水放在水壶里煮，直到水全部蒸发，你会发现水壶底部还有约 35 克盐。也就是说，1 千克海水中约含 35 克盐。

盐度是指水中所溶解的盐的总量。

海水中含有丰富的食盐——氯化钠。氯化钠溶解在水中时电离成钠离子和氯离子，海水中的其他成分也以同样的方式形成离子。总的来说，海水中氯离子和钠离子占总量的 86%。当然，海水中还含有钙、钾和其他有机物需要的成分，如氮、磷等元素。

盐度对海水的物理性质会有重大影响。例如，海水在 -1.9℃时才会结冰，这是因为盐的存在妨碍了冰晶体的形成，盐充当了防冻剂的角色。

海水中的气体

正像陆地生物消耗空气中的氧气和其他气体一样，海洋生物也要消耗溶解在海水中的气体。生物所需的两种气体是氧气和二氧化碳。

海水中的氧气来源于大气和海洋中的海藻。海藻利用阳光进行光合作用，向海水中释放氧气。

一般来说，海水中的氧气含量要比大气中的少，而海洋表面的氧气含量则要相对丰富一些。但二氧化碳的情况正好相反，海水中的二氧化碳含量约是大气中的 60 倍。

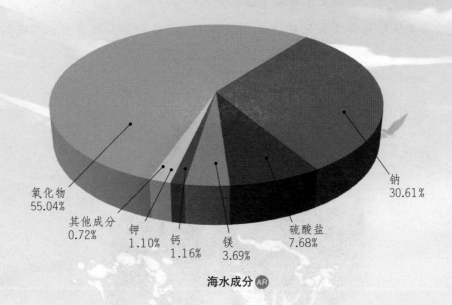

氧化物
55.04%

其他成分
0.72%

钾
1.10%

钙
1.16%

镁
3.69%

硫酸盐
7.68%

钠
30.61%

海水成分 AR

智慧锦囊

1. 请思考：什么是海水的盐度。

2. 推断北冰洋中位于浮冰下面的水体与位于深层的水体相比，哪个盐度大一些，并说出原因。

海藻

　　海藻是生长在海洋中的藻类植物，属于隐花植物，我们常见的紫菜、海带、裙带菜、石花菜等都属于海藻。

　　藻类植物需要二氧化碳进行光合作用，有些动物如珊瑚虫也需要消耗二氧化碳，即用其中的碳来合成它坚硬的骨骼。

裙带菜

第四节 波浪与潮汐

日本画家葛饰北斋（1760—1849）因海洋景观画而闻名于世。下面的这幅版画（《神奈川冲浪》）以积雪盖顶的富士山为背景，显示了一个有顶饰的波浪。

波浪能

波浪能是波浪中所蕴含的能量，其是海洋能源中能量最不稳定的一种能源。波浪能是由风把能量传递给海洋而产生的，它实际上吸收了风能。海洋中具有丰富的波浪能。

波浪

海洋中的波浪是指海水质点以其原有平衡位置为中心，在垂直方向上做周期性圆周运动的现象，即海浪。波浪包括波峰、波谷、波长、波高四个要素。

《神奈川冲浪》

波浪的主要特征

波浪是海水的运动形式之一，其显著特征是周期性和随机性。海面的波浪以风所产生的风浪及其演变而成的涌浪最为常见，二者合称为海浪。此外，海底火山、地震、气压变化、天体引潮力等也会产生波浪。海洋中波浪的周期和波长分布范围很广。

波浪运动

随着波浪移向海岸，我们肉眼观察到的似乎是整个波浪从远处快速地向岸边移动。但实际上，波浪中的水几乎没有移动，海洋表面上移动的是水中的能量。能量最终以破碎的泡沫和水雾的形式来到陆地上。

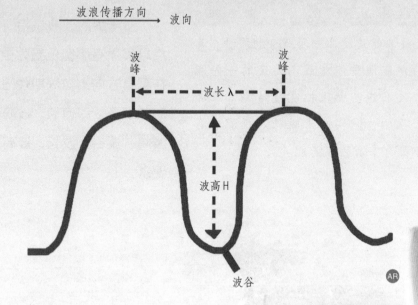

波浪的顶点被称为波峰，波浪的最低点被称为波谷。相邻两个波峰之间的水平距离是波长；波峰与波谷之间的垂直距离是波高。

　　为了更直观地了解能量在水中的运动，我们可以用多米诺骨牌的移动形式来类比波浪。当我们推倒第一块多米诺骨牌后，其他的也依次倒下。在这里，单个的多米诺骨牌正如水中的能量粒子，每一块骨牌都沿着路线将能量传递给下一块。

探究发现

　　一名冲浪者正沿着海浪平滑的浪峰滑行。波的能量在向前传递，但水几乎原地不动。

安全小贴士

　　如果你去海边游玩或游泳，请注意一定要去合法开放并且有救生员驻守的水域！

冲浪

请思考：图中能量朝哪个方向传递？

海风吹拂产生波浪

波浪接近海岸，波长缩短、波高增加形成碎浪。当大海底面急剧抬升，来波会在很高的高度上快速地破碎，形成巨大的拱起波。

地球水体在海岸线上的日常升降称为潮汐。涨潮时，海岸边的水位逐渐上升，到达最高点时即为高潮，然后潮水慢慢回落，流回到海洋，水位达到最低点时即为低潮。潮汐是有规则地出现的，与波浪不同，潮汐不是由风的吹动引起的。实际上，任何水体中都存在潮汐现象，只是这种现象在海洋和湖泊中更加明显。

半日潮

半日潮即为每天两涨两落的潮汐现象。两个相邻的高潮（低潮）高度相差不大，时间间隔也几乎相等（12 小时 25 分钟）。我国大部分港口属半日潮港。

全日潮

全日潮为每天一涨一落的潮汐现象。如果在半个月里，某港口多天为全日潮则称其为日潮港，例如广西的北海港、海南的八所港等。

混合潮

有些天为两涨两落，但两次涨落时间和高度相差较大，有些天则呈现一涨一落，这样的潮汐现象为混合潮，例如河北的秦皇岛港就属混合潮港。

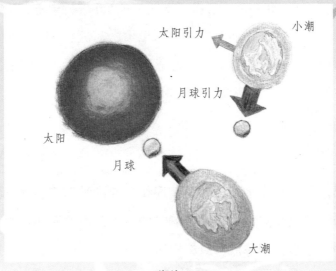

太阳引力

月球引力

小潮

太阳

月球

大潮

潮汐

钱塘江大潮

钱塘江大潮是世界三大涌潮之一，是由天体引力和地球自转的离心作用，加上杭州湾的特殊地形所形成的特大涌潮。每年农历八月，钱塘江涌潮最大，潮头可达数米。余亚飞《观钱塘江潮》："钱塘一望浪波连，顷刻狂澜横眼前；看似平常江水里，蕴藏能量可惊天。"海潮来时，声如雷鸣，排山倒海，犹如万马奔腾，蔚为壮观。观潮始于汉魏（1—6世纪），盛于唐宋（7—13世纪），历经2000余年，已成为当地习俗。

第五节　洋流

趣味链接

1912 年 4 月 14 日晚 11 点 40 分，邮轮"泰坦尼克号"在距离纽芬兰 150 千米处撞上冰山，经历 4 个小时 40 分钟后，在 4 月 15 日凌晨 2 点 20 分沉没。由于船上只有 20 艘救生艇，1523 人葬身海底，这是当时最严重的一次航海事故。经推测，导致这场灾难的冰山来自格陵兰西岸，它沿着海岸线往南顺着拉布拉多寒流漂浮，最终进入了泰坦尼克号的航线。

我们已经了解海洋水体运动有波浪和潮汐两种形式，第三种海水运动是洋流。洋流是指海洋水体向一定的方向流动。波浪不能把水从一个地方运送到另一个地方，但洋流可以将水运送到很远的地方。许多洋流不但可以移动洋面上的水，而且还能移动深处的海水。

泰坦尼克号

暖流和寒流

　　根据海水温度的高低，洋流又分为暖流和寒流。暖流一般是从低纬度地区流向高维度地区，蕴含着巨大的热量，使经过的沿岸温度升高，世界上最大的暖流是墨西哥湾暖流。寒流大部分是从地球高纬度地区流向低纬度地区，它们是寒冷的使者，给所经过的地区带来了滚滚寒意，著名的寒流有加利福尼亚寒流、秘鲁寒流等。

离岸流

　　离岸流是一股射束似的狭窄而强劲的水流，它宽10米左右，速度很快，流速可达每秒2米以上，每股离岸流持续的时间为两三分钟甚至更长。

离岸流

安全小贴士

由于离岸流是较深层的水流，所以大部分颜色比较深。离岸流速度较快，遇到离岸流时不要逆流游回岸边，而是要保持镇定，呼叫或挥手寻求救援。

此外，要沿着与沙滩平行的方向游离离岸流。

大陆的障碍使任何洋流都不可能环绕地球流动，岛屿或大陆的突出部分可使洋流产生分支。洋流对气候会产生巨大的影响，许多沿海地区的温度和降水情况都与附近的洋流有关。

地球海洋中几百米深的表面洋流，主要通过风能来驱动。表面洋流随着地球近地面风系在五大洋中按照圆形轨迹运动。大部分洋流都是向东或向西做循环运动的。

为什么这些洋流按照这样的圆形轨迹运动呢？如果地球是静止不动的，风和水将在两极和赤道之间沿直线运动。但由于地球是转动着的，风和洋流的轨迹将随着地球表面弯曲。这种因为地球转动而对风和洋流产生影响的作用称为地球旋转偏向力作用。在北半球，地球旋转偏向力作用使洋流向右移动；在南半球，地球旋转偏向力作用使洋流向左移动。

厄尔尼诺现象

厄尔尼诺现象是指每隔2~7年发生在太平洋上的异常气候，是由西太平洋上的一股怪风引起的。这股怪风使大量的温水向东流向南美洲海岸。在正常的风与洋流回转之前，厄尔尼诺现象可能会持续一两年之久。

表面洋流对气候的影响

洋流通过移动全球范围内的冷水和温水影响气候。一般来讲，洋流把温水从热带送到极地，再把冷水带回赤道。就这样，表面洋流可以使它上面的大气变暖或变冷，从而影响沿海陆地的气候。

从暖流吹来的风一般会带来温润的天气。比如，黑潮给日本南部带来温和多雨的天气。与之相反，冷水洋流使它上层的空气变冷，由于冷空气能容纳的水分较少，所以一般都会给其经过的地区带来寒冷、干燥的天气。

厄尔尼诺现象的影响

厄尔尼诺现象的影响：渔业捕获量严重减少，波及世界饲料市场供应；鱼类尸体堆积在海滨，污染周围的海水；海鸟因缺乏食物纷纷逃离；造成全球性的灾难性气候异常，如洪水、暴风雪、干旱等。

第六节　海洋地貌

　　"阳光投射在宁静的海底，仿佛是透过光谱被曲折分析的光线一般，美不胜收。连海底的岩石、草木、贝壳和珊瑚，也都染上了阳光的色彩，令人惊讶……这个森林是由一大片高大的海底植物所构成。树木的形状很怪异，枝叶都是朝海面伸展，不会随着水波摇曳。而且即使用力折弯，过不了多久也会立刻恢复原状……"这就是法国著名小说家凡尔纳笔下《海底两万里》中所描述的奇妙的海底景象。那么，真实的海底到底是什么样的呢？下面就让我们走向海洋，去观察千姿百态的海洋地貌形态吧！

海底地貌

探索海底

　　数千年来，人们一直对海底进行着探索。但事实上，人类至今对神秘的海底世界知之甚少。主要是因为海洋的平均深度约为 3800 米，这样的深度阳光无法到达，海水温度极低，海洋生物非常稀少。更重要的是，深海海底的海水压力巨大，人类是难以承受这样巨大的压力的。

　　现如今，人类可以借助一些发明创造不断克服探索海底时可能出现的困难和障碍，并从海底获取一些重要的信息，为我们认识海底打开了新的大门。2012年6月27日，中国载人潜水器"蛟龙"号下潜至水下7000多米处，刷新了我国载人潜水的新纪录，同时也为今后的深海研究打下了坚实基础。

海底地貌

从下图中可以看出，海洋底部并不是我们想象中一望无际的平坦沙地，而是与我们看到的陆地一样，存在各种高低起伏的地貌形态。

海底地貌

大陆架

陆地向海洋延伸的部分为大陆架，被海水覆盖。

大陆坡

大陆架外缘向大洋更深部分下倾至深海盆地或海沟为止的斜坡地带为大陆坡。

35

如果我们乘坐潜艇向大洋深处航行，最先看到的就是大陆架。大陆架一般水深在 200 米以下，坡度较缓。因为大陆架的水深比较浅，所以我们在海底也能看到阳光。

再向前航行，海底的坡度会突然增大，形成了相对陡峭的斜坡，即大陆坡，它就像盆的四周。大陆坡是海洋和陆地的过渡地带，这里浅海生物开始逐渐减少，出现了大量的深海生物。

沿着大陆隆继续向深海前行，就来到了大陆隆，这里的地形不像大陆坡那样陡峭，而是缓和的斜坡，深海生物和泥沙的沉积物聚集在大陆隆上，有些地方可达 10 千米厚。

穿过大陆隆，眼前的视野渐渐开阔起来，原来我们已经到了深海平原。深海平原面积占整个海洋底部的一半，上面还分布着一些海底火山、海底山脉等。

深海平原

深海平原是指坡度小于 1∶1000 的深海底部。深海平原表面地形平坦，坡度极小，是地球表面最平坦的地方。

汤加海底火山喷发，导致周边海域海水变红，喷出的火山灰蔓延到了高空中

露出水面的大洋中脊

我们继续航行，不知不觉就到了大洋的中心处——大洋中脊，你会惊喜地发现，这里有一大片连绵不断的海底山脉，这些海底山脉全长超过8万余千米，并且相互连通遍布于四大洋。大洋中脊的中央是较深的裂谷，地幔物质从裂谷处涌出。洋中脊两侧的山脉呈对称分布。

我们可以看到大洋中脊像被从中间劈开了一般，中央是一个纵向延伸的"中央裂谷"，两侧各有一条脊线。

大洋中脊

大洋中脊指的是大洋深处的洋底山脉，与大陆边缘平行，并随着大陆边缘形状的变化而转折，又被称为洋中脊、中背、中央海岭、洋隆等。

海沟

海沟为深海盆地上或边缘处狭窄的长洼地，深度超过6000米，两侧坡陡，长可达几千千米。

马里亚纳海沟——地球的伤疤

潜艇穿过洋中脊后来到了大洋另一侧的深海平原，这时你会看到这样一幅景观：在深海平原与大陆坡之间，存在一条狭长而幽深的海沟。你还记得世界上最深的海沟是哪个吗？对！是马里亚纳海沟，它位于太平洋西部、菲律宾群岛的东北部地区（如上图），它在海平面以下的深度超过了珠穆朗玛峰的海拔高度。

海岸地貌

当我们去海边游玩的时候，站在柔软的沙滩上向远处望去，会看到大海无边无际，水天相接，一片湛蓝，几只海鸟在空中划出一道优美的弧线，阵阵清凉的海风扑面，不知不觉就忘掉了一切烦恼……

科学家们认识海洋，最早就是从海岸开始的。海洋与陆地间的相互作用主要包括波浪、潮汐、洋流等，经过它们的不断塑造，海岸呈现多种多样的地貌形态。

珊瑚礁海岸是造礁珊瑚、有孔虫、石灰藻等生物残骸构成的海岸。澳大利亚大堡礁是世界上最大最长的珊瑚礁群，被称为"透明清澈的海中野生王国"，于1981年被列入世界自然遗产名录。作为世界上唯一一个可

珊瑚礁海岸

珊瑚礁海岸是由造礁珊瑚的残骸和分泌物堆积而成的。

珊瑚虫分泌的石灰质骨骼与珊瑚虫一同构成了珊瑚。聚集在一起的珊瑚们，骨架不断扩大，逐渐就形成了形状万千的珊瑚礁。

《世界遗产名录》

《世界遗产名录》是1976年世界遗产委员会为了保护世界文化和自然遗产建立的。截至2019年7月5日，中国世界遗产总数增至55处，自然遗产增至14处，自然遗产总数位列世界第一。

澳大利亚大堡礁

以从外太空看到的生态系统。大堡礁生物资源丰富，栖息着多种濒临灭绝的动物物种（如儒艮和巨型绿龟）。在大堡礁上，可享受到各种世界级的绝妙体验，你可以选择海洋泛舟，驾驶透明玻璃底船或半潜水船，观赏变化万千的珊瑚及五彩斑斓的海洋生物；也可以选择潜水，深入海底去探寻独特的壮观景致；还可以开展有趣的探险航行……

"大雨落幽燕，白浪滔天，秦皇岛外打鱼船。一片汪洋都不见，知向谁边？"毛泽东在《浪淘沙·北戴河》这首词中生动地描绘了北戴河海滨夏秋之交的壮丽景色。北戴河位于河北省秦皇岛市，是世界著名的观鸟胜

你知道吗？

北戴河明明是海边，为什么却叫"河"呢？

N

海湾

海湾是一片三面环陆的海洋，另一面为海，有U形、圆弧形等。

地之一，也是一处天然海滨浴场。这里风光秀丽，沙滩平坦开阔，苍翠的青山和浩瀚的大海交相辉映。

海湾浅浅碧水，浴场沙软潮平。

在北戴河长达22.5千米的海岸线上，沙滩松软洁净，与造型奇特的礁石相互交错；海湾和岬角依次排开。在海边的岩石上能观察到海蚀沟、海蚀凹槽、海蚀穴、海蚀崖等典型的海蚀地貌。

岬角

海岸中向海延伸的尖角状的陆地即为岬角。著名的好望角就属于岬角地貌，我国山东省荣成市的成山角也是岬角。

家庭活动

与家人一起去海边游玩，观察海岸地貌应该属于哪种类型。试着给你的家人讲讲吧。

第七节　海洋的演变

蔚蓝色的海洋，像是蒙着一层面纱，给人以无限遐想。那深邃而又神秘的蔚蓝色，像是在向人们诉说着一个古老的故事。海洋到底是怎样形成的呢？数百年来科学家们通过反复的假设和论证，认为在45亿年至50亿年前，从太阳星云中分离出来的星云团块在宇宙空间中相互碰撞、结合，最终形成了原始地球。原始地球不断散热冷却，从地上跑到天空中的水，凝结成雨点，又降落到地面，持续了许多亿年，形成了原始海洋。广漠的原始海洋诸物际会，气象万千，大量有机物源源不断地产生，海洋成了生命的摇篮。

目前，关于海洋的演变过程只是停留在假说阶段，不同学者有不同的说法，其中比较有影响力的是海底扩张学说和板块构造学说。

海水为什么是咸的？

地表岩石中的盐分不断地在水流的冲刷侵蚀中溶解，经过数十亿年的累积，海水逐渐变咸。请思考：随着时间的不断推移，海水会不会变得越来越咸呢？

海底扩张学说

20世纪60年代，美国科学家提出了海底扩张学说。海底扩张学说认为，大洋底部岩浆发生对流，在洋中脊处涌出，炽热的岩浆冷凝形成新的洋壳，新洋壳推动先前形成的洋壳向两侧对称扩张。

板块构造学说

1968年，地质学家勒皮雄、麦肯齐、摩根等人提出了板块构造学说。板块构造学说认为，地球岩石圈是由六大板块和若干个小板块构成的。大洋板块由于密度较大会俯冲至大陆板块之下，俯冲的一侧形成深长的海沟。另一侧的大陆板块向上拱起，形成岛弧或海岸山脉。

海洋蕴藏着无穷的秘密，等待着我们不断探索……

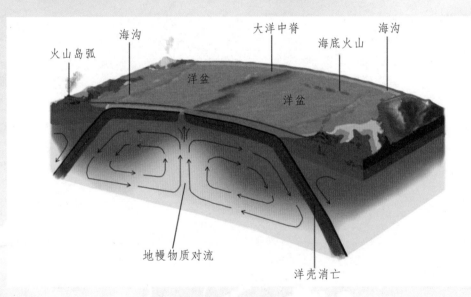

海底扩张与海底地形

畅想未来

海洋每时每刻都处在变化之中。请你推测一下未来海洋可能会变成什么样子，与小伙伴们交流一下吧。

你知道吗?

完成表格，比较海洋和陆地地貌。

	地貌形态	是否相同
陆地		
海洋		

第二章
海水资源

第一节　海水资源

海水资源

地球看起来大部分为蓝色,也常被人们称为"水球"。蓝色的部分是海洋,海水水量占地球全部水量的97%,淡水只占地球全部水量的3%。人类工业生产和生活需要的是淡水,而海水是咸的。

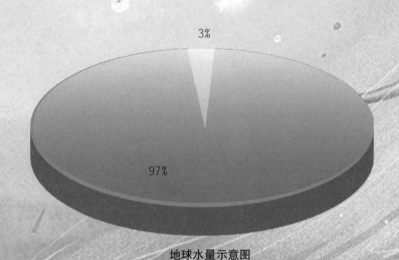

地球水量示意图

淡水资源

我们通常所说的水资源，指的是陆地上的淡水资源，它是由江水、河水、湖泊水、高山积雪融水、地下水等组成的。

人类生产和生活用水的主要来源是江河水、淡水湖泊水、浅层地下水等。随着社会的发展和科学的进步，人类所需的淡水与日俱增，加上水污染等原因，使得水资源短缺问题越来越严重。

为了缓解淡水资源短缺，科学家们想到了利用海水，主要用于三个方面，即工业冷却用水、生产生活用水、农业灌溉用水。海水的直接利用是一项开源技术，具有节约淡水用量的特点。

工业用水

海水可作为生产用水，用于化工、印染等行业。总体来看，工业冷却用水占海水总利用量的 90%。

日本是四周环海的岛国，淡水资源十分匮乏，很大一部分工业冷却水都来自于海水。在美国，工业用水的 1/3 来自海水。

生活用水

生活用水是指除洗衣、做饭等之外的生活用水，如消防灭火用水、冲厕用水等。生活中要利用海水，必须在原有供水和排水系统的基础上再建立一个单独的海水系统，这样一来，我们在生活中就可以直接利用海水了。

海水灌溉

国外用海水大面积灌溉农作物已经取得了良好的成果，比如美国学者发现了一种适合海水灌溉的植物，这种植物的果实富含大量植物油和蛋白质，这一发现推动了海水灌溉农业的发展。苏联在波罗的海芬兰湾的沙质土地上利用降低盐度的海水对甜菜、小麦、西红柿等农作物进行灌溉，取得了很好的成效。我国也在海水灌溉农业方面进行了探索，进行过西红柿、水稻等作物的耐盐试验，发现了一种可食用的海水灌溉蔬菜——西洋海笋（有"海人参"和"植物海鲜"之美誉）。

随着时间的推移，技术的不断进步，相信海水的利用将在更广的领域得到普及，使得很多沿海城市可以利用海水淡化技术将海水转化为淡水来缓解淡水资源的不足。海水经过处理后，为我们提供了更多可利用的水资源。今后我们要将海水合理利用起来，以满足我们的生活需要和社会发展需要。

海水冲刷

海水灌溉试验田

海水直接利用

海水直接利用是指直接采用海水替代淡水的技术，主要包括海水冷却用水和生活用水，比如将海水用于工业冷却用水和冲厕用水，这样能大大节约淡水资源。

海水灌溉农业

海水灌溉农业就是利用海水浇灌进行作物生产。适合发展海水灌溉农业的地区一般是沿海荒滩和沙漠。

环保小卫士

通过学习我们知道,淡水资源十分短缺,我们要节约用水,将海水合理利用起来,如直接利用海水进行冲厕、灌溉等。那么,请大家自己动手制作一张以节水和合理利用海水为主题的手抄报吧!

海水淡化

趣味链接

巴塞罗那位于地中海沿岸,是西班牙的第二大城市,也是经济中心。尽管面朝大海,却是个缺水的城市。小伙伴们,有什么办法解决这个难题吗?

我们如何将海水转化为淡水呢?自然是要进行海水淡化。海水淡化就是将海水进行脱盐来获取淡水资源,目前我们采用的海水淡化方法有蒸馏法、反渗透膜法等。

蒸馏法,即让海水受热蒸发成云,云遇冷成雨,如同水蒸气的形成过程一样。雨水属于淡水。根据所用设备不同,蒸馏法主要可分为设备蒸馏法、太阳能蒸馏法等。

太阳能淡化海水造福人类

蒸馏法

蒸馏法即通过对海水加热使其沸腾和汽化，再将蒸汽冷凝，从而获得淡水的方法。用蒸馏法进行海水淡化在工业化应用中是最早的，特点是产水纯度高，并且在污染严重的海水环境中也可以应用。

海水淡化的意义

将海水进行脱盐来获取淡水即为海水淡化。海水淡化后水质好，价格合理。海水淡化使沿海居民生活用水、工业生产用水等得到保障。

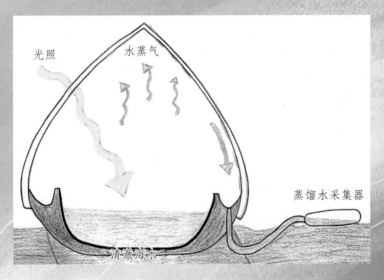

光照　　　　水蒸气

蒸馏水采集器

清澈海水

太阳能蒸馏法海水淡化图

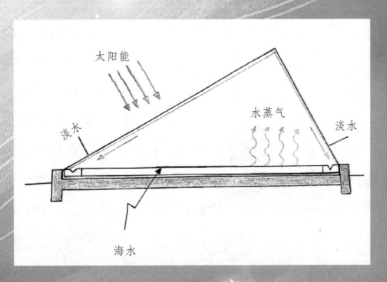

太阳能

淡水　　　　水蒸气　　　淡水

海水

太阳能蒸馏器工作原理图

半透膜

半透膜是一种隔离水分子、盐类等大分子的薄膜，它使海水中的盐分不能通过薄膜，从而将海水和淡水分开，获得淡水资源。

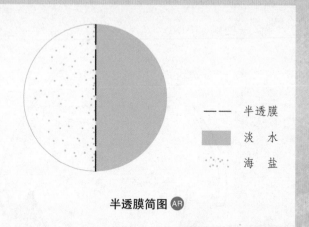

- - - - 半透膜

▨ 淡　水

∵∵ 海　盐

半透膜简图 AR

反渗透膜法又称过滤法。1953 年，开始采用反渗透膜分离的淡化方法。反渗透膜法是利用一个半透膜，淡水通过半透膜进入海水侧，海水侧液面升高，到达一定高度便会停止。对海水侧施加一个大于渗透压的外压，海水中脱盐的纯水就会反渗透到淡水中。反渗透膜法非常节能，很多发达国家都将其作为本国海水淡化的重要方法。

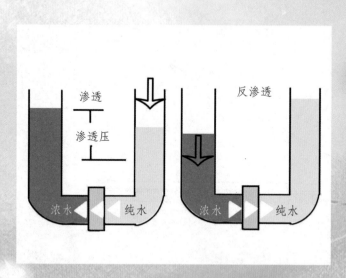

海水淡化反渗透膜法工作原理图

通过学习，我们知道了海水淡化技术在逐步完善，人类已能将海水转化为淡水，为生产、生活所用。我们将继续探索海水淡化技术，并大规模发展。我国大力扶持海水淡化技术，努力降低海水淡化成本，提高淡水量，以缓解淡水短缺问题，提高我国淡水资源总量和淡水资源人均占有量。

畅想未来

随着我国的科技进步，海水淡化技术在进一步发展，并且应用逐渐普及。为增加淡水量，我们试着想一想：未来海水淡化还有哪些方法？大胆想象一下：淡化后的海水还可以应用在哪些领域呢？

第二节　海水中的化学资源

趣味链接

从某种意义上说，海水不是水，而是一种可开发利用的液体资源：水含有 80 多种元素，各种盐类约 $5×10^{16}$ 吨。海水中含有核聚变的原料重水 $2×10^{14}$ 吨，将成为 21 世纪核能开发的巨大宝库。

目前，我们对海水中化学资源的开发利用主要包括：海水制盐及卤水综合利用（回收镁化合物等），海水制镁和制溴，从海水中提取铀、钾、碘，以及海水淡化等。

海水制盐

海盐是食用盐的重要来源。海水中含有的各类化学资源中，食盐占70%。目前，全世界海盐产量为 $5000×10^4$ 吨，占世界原盐总产量的1/4。常用的海水制盐技术主要有两种，即盐田日晒法和电渗析法。

盐田日晒法是很古老的制盐方法，在我国已有数千年历史，并且目前仍普遍使用。其基本步骤是：先把海水引入盐田，然后经过日晒风吹，含盐量逐渐升高，最后变成苦卤，苦卤再晒，排除氧化铁、硫酸钙之类的杂质，析出盐分，使之成为氯化钠结晶，此时海盐就形成了。但盐田日晒法制盐技术受环境影响较大，海水的盐度、地理位置、降雨量、蒸发量等因素都会直接影响盐的产量，并且这种方法占地面积很大，尤其是随着沿海地区经济高速发展，土地资源日益紧张，盐田日晒法海水制盐的进一步发展将受到制约。

化工提取

电渗析法是随着海水淡化工业发展而产生的一种新的制盐方法，它通过选择性离子交换膜电渗析浓缩制卤，真空蒸发制盐。它可以充分利用海水淡化所产生的大量含盐量高的浓海水为原料来生产食盐。

海水的化学资源综合利用技术，是指从海水中提取各种化学元素（化学品）及深加工技术。除了海水制盐外，还包括化工提取镁、铀、钾、锂、溴、硝及深加工等，现在已逐步向海洋精细化工方向发展。

其他海水制盐方法

关于海水制盐，俄罗斯、瑞典采用冷冻法，而日本由于没有好的温度和降雨条件，所以主要采用电渗析法。冷冻法和电渗析法不仅是海水淡化的方法，而且也是海水制盐的方法，在这个过程中，淡化海水和制盐这两个任务都能完成，可取得很好的经济效益。

食盐

海水提镁

海水盐分中镁的含量仅次于氯和钠，位居第三。镁具有重量轻、强度高等特点。镁合金可用来制造飞机、舰艇；镁锂合金的重量最轻，最耐热，因而在军事工业和民用工业上具有极其重要的使用价值。镁被广泛应用于火箭、导弹、飞机制造业，以及汽车、精密机器等各个领域。随着各国钢

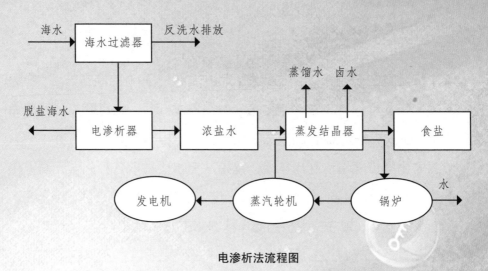

电渗析法流程图

铁工业的迅速发展，不仅对镁砂（氧化镁）的数量要求日益增多，而且对炼钢所需的优质镁砂要求其杂质含量在 2% ~ 4% 以下，而这个要求用陆上天然菱镁矿烧结的办法是无法达到的。早在 20 世纪 60 年代，海水提取其纯度就已达到 96% ~ 98%，目前纯度又升至 99.7%。如此超高纯度的镁砂，无疑最能满足冶金工业的特殊需要。

海水提镁现已进入工业规模的开发生产。海水提镁最基本的方法是向海水中加碱，使海水形成沉淀。通常先把海水吸到沉淀槽，再用石灰粉末与海水快速反应，经过沉降、洗涤和过滤，就能获得氢氧化镁沉淀块，经进一步煅烧可得到耐火材料氧化镁。近年来，我国海水提镁技术有了长足发展，现在不仅能供给国内使用，还有少量产品出口。

想一想

从海水中提取镁要用到海滩上的贝壳。那么贝壳在其生产过程中起什么作用呢？

海水提铀

众所周知，杀伤力最大的武器是原子弹，它有多种破坏因素，如冲击波、光辐射、放射性污染……它里面究竟是什么材质让其有如此大的威力呢？原来是铀。具有很大推动力量的核潜艇也是用铀做燃料。铀裂变时能释放出巨大的能量。随着核武器、核电站的飞速发展，人类对铀的需求量越来越大。海水中铀的蕴藏量约为 45 亿吨，是陆地上已探明的铀矿储量的 2000 倍，但是浓度极低。所以海洋提铀的成本比陆地提炼铀矿要高出 6 倍左右，高昂的成本让很多国家都处在研究阶段，没有建立大规模的提铀工厂。

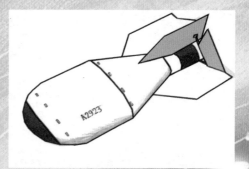

原子弹模型

吸附法海水提铀

原子弹制造原理

核燃料（例如铀235）在中子的轰击下发生裂变，释放出能量和中子，释放出的中子进一步轰击核燃料，这种连锁反应可以在很短的时间内使核燃料几乎同时释放能量，从而产生核爆炸。原子弹的设计有两种方式，一种是枪式，在猛烈撞击下引燃核燃料；一种是爆破式，用引燃剂引燃核燃料。

　　缺乏铀资源的日本是第一个研究海水提铀的国家，主要方法是吸附法，即利用纤维类吸附材料制成垫子的形状，直接捕捉铀原子的化合物，再进行铀的提纯。

第三节　海洋水体资源

　　很多海洋都有旋涡，这主要是受海洋的涨潮和退潮的影响，根本原因是潮汐作用。

　　海洋的动力资源有很多种，包括潮汐能、温差能、盐差能、波浪能和海流能。

潮汐能

　　潮汐中蕴含着巨大的能量，潮水奔腾流动产生了动能，海水的涨落又把动能转化为势能，这些都是潮汐能。

温差能

　　温差能是指海洋表层海水和深层海水之间的温差储存的热能，利用这种热能可以实现热力循环并发电。此外，系统发电的同时还可生产淡水、提供空调冷源等。

世界上最大的潮汐能发电站是法国的朗斯发电站。潮汐昼夜交替运动，具有很大的能量。以 12 个小时为交替周期，在 1 天之内可以多次达到海水流速的峰值。现在，法国、加拿大、中国、俄罗斯建有潮汐能发电站。潮汐能发电站的建立，对人类开发海洋动力资源的意义十分深远。

人类还可以利用海水的温差能与盐差能发电。温差能发电的原理其实很简单，就是表层海水中的热能向深层冷水中转移。美国利用这种原理在夏威夷岛西部建成了世界上第一个利用海洋温差能发电的发电厂。现在，日本、法国和比利时陆续建成了温差能发电厂。

波浪能是一种可再生资源，因为海洋的绝大多数波浪是由风引起的。据世界能源委员会调查，全球可利用的波浪能达到 20 亿千瓦，相当于现在世界电产量的 2 倍。1964 年，日本制成了世界上第一盏用海浪发电的航标灯，这个意义是巨大的，证明了海浪发电是完全可行的。

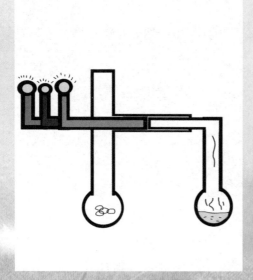

温差能动力装置

海浪发电

第四节　海洋空间资源

趣味链接

2003 年一个阳光明媚的日子里，"杜达公主"号探险考察船上的队员们把一根光缆放进了距离埃及海岸 6.4 千米的地中海海底，在水下 9 米深的地方潜水员发现了赫克雷恩古城。这座古城是 1300 年前消失在海底的。现在，科学家们又提出了"海洋城"的构想，你觉得有道理吗？

海洋是一个巨大的空间，我们通常称之为"蓝色的宝库""生命的摇篮"，海洋还是"人类的第二家园"。

海洋空间资源根据利用目的可以分为生产资源、交通运输资源、文化娱乐资源、军事资源。

1995 年，日本提出要在大阪附近海岸建设一条环海湾走廊，其中包括休闲娱乐设施、商业口岸和飞机场。海洋城具有坚实的底座可以抵抗风暴，对地震的削弱作用也很强；同时具有一定的灵活性，海域广阔，根据人们的需要可以随时扩建。海洋城内可以修建机场、港口和发电站。充分利用海流能、潮汐能和温差能，可以为人类的生活提供电力保证。

港口在现代社会中的作用无疑是举足轻重的。德国的易北河最终注入北海，在河与海之间有着许多重要的连接枢纽，如汉堡港、不来梅港、库克斯港。其中汉堡港是典型的河海两用港，也是德国最大的港口。

人类对自然进行一定的、有目的的开发和利用，在带来便利的同时，也给环境造成了破坏，使得海岸带面临的压力越来越大。在我们建设各种港口、进行围海造陆、设计未来海洋城市的过程中，会将大量未经处理的生活污水和工农业废水排放到海洋中，使得海域水质被破坏，导致一系列环境变化，如海岛资源衰退、无居民海岛数量减少、生物多样性降低等问题。因此，我们应该认识到海洋资源虽然总量巨大，但也并非取之不尽用之不竭，我们在开发利用海洋资源的同时更应珍惜海洋、保护海洋，与海洋和谐相处。

港口

港口是可以停泊船只和运输货物、人员的地方，位于洋、海、河流、湖泊等水体上，通常也兼具口岸的功能。

海岸工程

为开发利用海岸而兴建的海堤、人工岛、海港码头、围海工程等称为海岸工程。

畅想未来

你是否盼望过可以在海上居住？你有设想过未来的海洋城是什么样的吗？动手画下来吧！

集装箱

集装箱是指具有一定刚度、强度和规格，专供周转使用的大型装货容器。

环保小卫士

你在海滨度假或者查阅资料时发现过哪些环境问题？动手写下倡议书，争做环保小卫士吧！

第五节　海洋旅游资源

趣味链接

观沧海

（东汉）曹操

东临碣石，以观沧海。

水何澹澹，山岛竦峙。

树木丛生，百草丰茂。

秋风萧瑟，洪波涌起。

日月之行，若出其中。

星汉灿烂，若出其里。

幸甚至哉，歌以咏志。

　　海洋旅游在近几年渐渐兴起，这里所说的海洋旅游是指在一定的社会经济条件下，以海洋为依托，以满足人们精神和物质需求为目的而进行的海洋游览、娱乐、度假等活动。

　　国内外有许多著名的海洋旅游目的地，主要集中在地中海、加勒比海、东南亚、南太平洋等区域。

　　海洋旅游资源多种多样，包括海滨、海岛和海中可开展观光、游览、疗养、度假、娱乐、体育等活动的景观。

　　马尔代夫位于斯里兰卡南方的海域，被称为印度洋上人间最后的乐园。马尔代夫由露出水面及部分露出水面的许多珊瑚岛组成，1000 多个岛屿都是因为古代海底火山爆发而成。马尔代夫有着得天独厚的海洋旅游资源和文化基础，支离的小岛俨然独树一帜，有着风格不同的度假饭店，雪白的沙滩，水中婆娑的椰影。

福建海岸地理环境与浙江类似，有很多花岗岩质丘陵，近海渔业发达，开展滨海乡村旅游非常有利。福州鼓山风景名胜区位于闽江口北岸，怪石嶙峋，林茂洞奇；平潭岛风景名胜区美景引人入胜；厦门位于台湾海峡西岸的中部，地处亚热带，气候条件优越，是我国东南沿海主要通商口岸和海外华侨出入境港口。厦门鼓浪屿上中外风格各异的建筑物完好汇集，更有"万国建筑博览馆"之称。

3S 评价标准

3S 评价标准是指海水、阳光、沙滩。"3S"英文分别是 Sea、Sun、Sandbeach。

珊瑚岛

珊瑚岛是由海中的珊瑚虫遗骸堆筑的岛屿。珊瑚虫死后，其身体中含有一种胶质，能把各自的骨骼粘在一起，一层粘一层，天长日久就成为礁石了。

出谋划策

你和父母一起出游过吗？中国的三亚湾、亚龙湾都很有特色。在出游之前你有做过出行计划吗？设计一个计划和大家分享一下吧！

第三章
海洋矿产资源

第一节 石油及天然气

趣味链接

浩瀚的海洋充满神秘色彩，除了形态各异的海洋生物，在海底深处还隐藏着巨大的"宝藏"。为开采这个"宝藏"，苏联在阿塞拜疆巴库阿普西半岛的海面上建立了海上石油城，耗资巨大。这个宝藏到底是什么呢？那就是每个国家都渴望得到的珍贵的油气资源。

随着人们生活水平的提高，汽车成为生活中不可或缺的一部分，车的行驶离不开石油。在家中，做菜时用的炉灶消耗的是天然气。石油、天然气都是常规能源，也是不可再生能源。随着经济的发展，能源消费量不断增加，出现了供不应求的状况，导致石油、天然气价格上涨。

2016 年，中国成为世界最大的石油进口国，世界主要的石油出口国有沙特阿拉伯、

不可再生能源

不可再生能源是经过几百万年甚至上亿年才形成的，短时间内无法再生。这种随着人类的开发，储量在减少并且未来可能面临枯竭危险的能源，被称为不可再生能源。不可再生能源有煤、石油、天然气等。

"石油王国"

因石油储量和产量均居世界首位，沙特阿拉伯成为世界上最富裕的国家之一。沙特阿拉伯石油储量巨大，居全球第一位，因此，被人们称为"石油王国"。该国最大的油田是加瓦尔油田。

俄罗斯、伊朗等。

　　我国开采的油气资源不能自给自足，需要从国外进口，对外依存度在逐年提高。未来几年，我国石油对外依存度将达到 60% 以上。这在很大层面上将会给我国带来潜在的石油安全隐患。首先，我国经济发展对能源需求不断增加，石油是十分必要的能源。我国石油的对外依存度高，对石油的国际

石油价格上涨

近年我国石油对外依存度趋势图

市场价格无发言权。因此，国际油市的变幻莫测，可能会让我们蒙受巨大损失。其次，石油价格掌控权在石油出口国和欧美等发达国家手中，如果石油来源地时局动荡，遇到石油危机，我们的生产生活就会受到严重影响。最后，为消除这些安全隐患，降低对外油气资源的依存度，要有选择地引进技术，加大油气资源勘探力度，发掘海底油气资源，以满足国内生产、生活的需要。

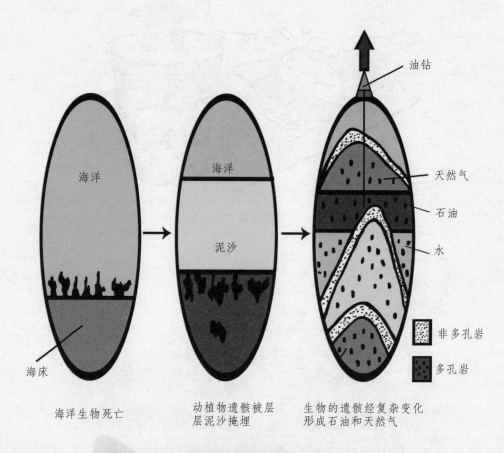

海洋生物死亡　　　　　动植物遗骸被层　　　生物的遗骸经复杂变化
　　　　　　　　　　　层泥沙掩埋　　　　形成石油和天然气

石油和天然气形成图 AR

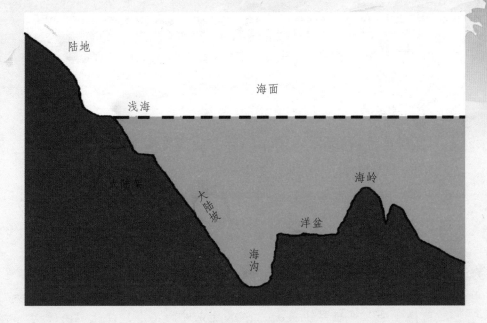

海底地形示意图

海底油气资源是怎样形成的呢？分布在哪里？经过陆地河流的冲刷，河水中的淤泥被带到海洋中，在长时间的地质演变后，淤泥中的有机质层层堆积，掩埋了大量生物遗骸而形成有机碳。在高温高压作用下，生物遗骸和有机质逐渐变成了石油、天然气等物质。

海洋的油气资源主要分布在浅海大陆架，水深小于 300 米。目前已探明的海上油气资源以浅海居多，占油气资源的 60% 左右，但大陆坡深水海域的油气资源也存在较大的开发潜力。未来，随着石油勘探技术的进步，深海的油气资源将越来越多地被发现、开采和利用。

环保小卫士

油气资源是不可再生能源，储量少且开发困难，十分紧缺。随着私家车的增加，能源消耗大，能源面临枯竭。让我们动手做一张以"绿色出行，从我做起"为主题的手抄报吧！

第二节　海上钻井平台

趣味链接

　　蓝鲸是地球上最大的生物。当它在海洋中遨游，就像海上的潜艇，非常壮观。你知道人类用钢铁搭建的探寻深海瑰宝的"蓝鲸1号"是什么吗？

"蓝鲸1号"

　　"蓝鲸1号"是世界上最大、全球最先进的半潜式海上钻井平台。该设备在潜水深度和钻井深度上都打破了世界纪录，配备双钻塔。钻井深度可达1.5万米，适用于全球深海作业，为我国勘探和扩大深海油气资源的开发提供了可能。

　　我们为什么要在美丽的海洋上建一个"蓝鲸1号"呢？陆地油气资源越来越少，满足不了我们生产、生活的需要。于是我们开始建设海上油气资源钻井平台，寻找更多的油气资源。未来的海底油气开发，也会从浅海的大陆架延伸到几千米深的深海区。而"蓝鲸1号"完成了浅海勘探向深海勘探的过渡。

　　你有没有做CT检查的经历？海洋的油气勘探就像给地球的"蓝色区域"做CT检查。采取专用的船只进行测量，人工进行地震勘探。测量船携带一组海上拖缆，在海水中让空气泡爆炸，从而产生巨大的声波、震波。这种人工的声波和震波传到深海岩层，撞击不同岩层，震波的反射不同，反射的震波速度有快有慢，浅地层的反射速度快，深地层的反射速度慢。震波的反射

地震波

地震波从震源处向外发射，在整个地球内部或沿地球表层振动运动。地震发生时产生的波动以弹性波的形式从震源向四周传播。

畅想未来

油气资源是不可再生能源，我们应该合理、节约地利用。大家思考一下，未来我们是否可以用其他能源来代替这些不可再生能源，以满足我们生产、生活的需要呢？动脑大胆地想象吧！

回到海面，电缆上的接收器进行接收、记录。大量测量数据通过计算机处理后，可获得一张地震勘探的结果图，就像我们去医院检查获得的 CT 图。这张图反映了海底的地质构造，呈现地层分布、地层结构等内容。油气勘探者通过对比分析，可以确定油气盆地的所在范围，从而发现油气田。

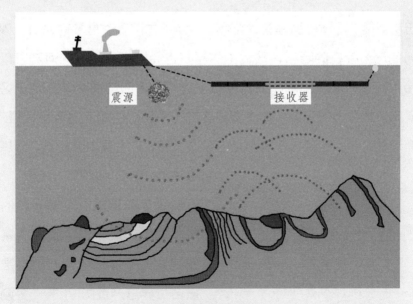

海上油气资源勘探过程图

第三节　砂矿资源

趣味链接

聪聪和妈妈一起逛商场的时候，看到了光芒四射的珠宝，聪聪好奇地问："妈妈，这些珠宝这么漂亮，都是用什么做的呀？"妈妈说："这些都是用各种各样的矿石做成的。"聪聪追问："矿石是从哪里来的呢？"妈妈答道："有的是从陆地上，有的是从海洋里。"聪聪疑惑地说："海里不都是水吗？怎么会有矿石呢？"同学们，你们认为海里有矿石吗？

毋庸置疑，海洋里面是有矿石的，海洋中的矿石通常被称为海滨砂矿。除了海底已经存在的岩石，陆地上的岩石也会被流入海洋的河流搬运至海滨地带，经过波浪、潮汐和海流的反复作用，岩石碎屑聚集在特定区域，形成矿床。世界上的海滨砂矿主要分布在沿海国家的海滨地带和大陆架。

海滨砂矿中，蕴藏着极其丰富的矿产资源，它主要由金红石、钛铁矿、磁铁矿、锆石、磷钇矿、金矿、铁矿、石英等矿种组成。海滨砂矿的开采技术简单，成本低，很多国家都很重视它的开发。海滨砂矿中锆石产量占世界总产量的 96%，金刚石占 90%，金红石占 98%，钛铁矿占

钛

钛是一种金属元素，具有比重小、强度大、耐腐蚀、抗高温等特点，在导弹、火箭和航空工业中广泛应用。

锆石

锆石是一种耐高温、耐腐蚀的矿物，可用于铸造工业、陶瓷工业、玻璃工业、医药、油漆、制革、磨料、化工、核工业等领域，以及制造耐火材料。

金红石

金红石是较纯的二氧化钛，具有耐高温、耐低温、耐腐蚀、强度高、比重小等特性，被广泛应用于军工航空、航天、航海、机械、化工、海水淡化等领域。

30%，海滨砂矿的种类和资源都非常丰富。

我国的海岸具有良好的自然条件和丰富的陆源沉积物，近岸和广阔的大陆架浅海区域蕴藏着丰富的近海砂矿资源，几乎世界上所有海滨砂矿的矿物在我国沿海都能找到。

但是，如果人们对砂矿资源进行大规模开采，也会带来一系列生态环境问题，如采砂船的油污、废水及垃圾排入海中，会对海水水质造成破坏；采砂量过大，海底遭到破坏，使鱼类的生活环境发生改变，对海洋生物的正常栖息、繁殖造成危害；大规模、不均衡地采砂会导致大陆架或河床下切，以及沙滩、滩涂等塌陷，危及堤防等水利工程，给水利设施带来安全隐患。

我们要树立正确的海洋砂矿资源开采观念，通过改进技术，执行相应

环保小卫士

针对开采砂矿资源，大家举办一个演讲比赛吧。准备一下：如何合理开发砂矿资源，为人类的可持续发展、砂矿资源的充分利用及生态环境的保护做出自己的贡献？

的政策，逐步减少近岸采砂活动，将海砂开发的重点转移到深水区域，并在充分认识海砂勘探和开采所产生的环境影响的基础上，合理开发利用浅海海砂资源，保护海洋生态环境，促进海洋生态经济、资源与环境的协调发展。只有合理采砂，才能保证资源的可持续利用。

第四节　深海锰结核

趣味链接

　　1872—1876 年，英国的一艘名为"挑战者"号的三桅帆船，在海上进行了长达 3 年多的考察。这次考察收获不小，队员们带回了一些黑色的"鹅卵石"，像土豆一样，又有些像煤球。它们是从不同地区的海底打捞上来的，谁也不知道它们是什么。人们把它拿到化验室去分析，发现其有大量的锰、铁元素，于是便称它为锰结核。

　　深海锰结核又称深海多金属结核，是由包围核心的铁、锰氢氧化物壳层组成的核形石，广泛分布于水深 2000 ~ 6000 米的深海底，多数呈黑色或褐黑色，形状呈球形或不规则球形，或疏或密，散布在深海海底。结核通常由核心与圈层两部分组成。

　　大洋中最古老的铁锰结核，年龄在 1500 万 ~2000 万年之间。年代如此久远的海底矿藏，为什么没有被深埋在海洋底土之下，而是露在表面呢？原因主要有两个，一是刚刚沉积下来的结核营养成分很高，很多海底生物喜欢吃新结核里的营养物质，这些海底生物的活动会使锰结核总是处于海洋底土表面；二是锰结核多发现于海底山的斜坡上，锰结核的密度比一般沉积物高，当洋流冲刷海山时，锰结核不易被冲走，就存留在海山表面了。

　　那锰结核是怎么来的呢？大致有以下四个"生产来源"。

一是陆地上的岩石风化后释放出铁、锰等元素，其中一部分被海流带走，沉淀在大洋中。

二是火山。岩浆喷发产生的大量气体与海水相互作用时，从熔岩中"搬走"一定量的铁、锰，使海水中的锰、铁元素越来越多。

三是生物。浮游生物体内富集微量金属，它们死亡后尸体被分解，金属元素也就进入海水。

四是宇宙。有关资料表明，宇宙每年要向地球降落 2000~5000 吨宇宙尘埃，它们富含金属元素，分解后也进入海洋。

锰结核中含有 30 多种金属元素，并聚集了珍贵的稀缺元素，几乎在所有海洋甚至大湖中都有它的身影。据估计，仅仅太平洋底的锰结核就可以提炼 4000 亿吨锰、88 亿吨铜、1.64 亿吨镍、58 亿吨钴，这还不包括其他稀有金属。如果把海底的锰结核全部开采出来，锰可供人类使用 3.33 万年，镍可供人类使用 2.53 万年，钴可供人类使用 34 万年，铜可供人类使用 980 万年。我国南海地区蕴藏着极为丰富的锰结核资源。

目前，开发深海锰结核是一项耗资巨大、风险极高的工程，面临着技术、经济、政治方面的多重风险。海底的环境神秘又复杂，进行深海作业需要非常专业的装备，不仅要承受深层海水的压力和腐蚀，还要抵抗海洋的复

"蛟龙号"

"蛟龙号"载人潜水器是我国首台自主设计、自主集成研制的作业型深海载人潜水器。它是目前世界上下潜能力最强的作业型载人潜水器，最深下潜深度能够达到 7000 余米。"蛟龙号"可在占世界海洋面积 99.8% 的广阔海域中使用，我们看到的深海锰结核的图片，多是由"蛟龙号"拍摄的。

中国南海

　　中国南海简称南海，北靠中国大陆和台湾岛，东接菲律宾群岛，南邻加里曼丹岛和苏门答腊岛，西接中南半岛和马来半岛。南海位居西太平洋和印度洋之间，地处航运要冲，来往船只很多，所以在经济上、国防上都具有重要意义。中国南海诸岛，包括东沙群岛、西沙群岛、中沙群岛和南沙群岛，曾母暗沙是我国的最南端。

杂洋流等情况。

　　除了采矿技术方面的不足，深海采矿的投资也是一大棘手问题，开发周期长，投资见效慢，不确定性大。

　　除此之外，锰结核对环境、资源利用等方面的影响也是很多科学家考虑的重要因素。所以想要开采深海锰结核并不是一件容易的事。

畅想未来

　　想一想，如果未来你成为一名开发深海锰结核的科学家，你会采取什么办法开采呢？大家一起交流一下，看看谁的想法最有创意，谁的想法最具有可行性。

第五节　海洋资源的合理开发

海洋资源开发权益

　　海洋资源是自然资源的一种，指形成和存在于海洋中的资源，包括海水中的生物，各种化学元素，海水产生的能量、含有的热量，以及海洋中所蕴含的矿产资源等。

　　海洋资源的开发权益，包括海洋中的生物资源、化学资源、矿产资源等各种资源的开发权益，是国家权益的重要组成部分。我们要充分了解我

矿产资源

　　矿产资源是指经过地质作用形成的对人类有用的矿物，如煤、石油、铜、铁等，它们存在于地球表面或者埋在地下，呈现气态、液态和固态等不同状态。矿产资源是不可再生资源，它的存量是有限的。海洋矿产资源属于矿产资源的一种。

《联合国海洋法公约》

1982 年 4 月，联合国举办了第三次海洋法会议，共有 168 个国家及组织参加，此次会议通过的《联合国海洋法公约》，是各个国家为维护自身海洋权益而共同制定的。

领海权

领海权是指沿海国家在其领海范围内享有的主权权利。我国主张 12 海里领海权，即将我国的领海宽度定为从领海基线起 12 海里，超过 12 海里即不属于中国领海（1 海里 =1.852 千米）。

畅想未来

未来人类和海洋的关系将更加密切，海洋资源的开发与利用也会更加合理化、多样化，那么请你设想一下：未来的人类会如何开发和利用海洋资源呢？

国的海洋资源开发权益，为坚定不移地维护我国的海洋权益贡献自己的一份力量。

根据《联合国海洋法公约》，世界各国确定各自对海洋资源享有的主权权利。全球共有 140 多个沿海国家，仅亚洲有 36 个，如中国、韩国、

日本、菲律宾等。除了拥有 12 海里的领海权外，各国管理的海洋面积可延伸到 200 海里，作为专属经济区，享有勘探、开发、管理海洋中各种资源的主权权利。

为了解决不同国家及地区间的领海争端问题，国际法中提出"专属经济区"这一概念。如美国在大西洋、太平洋上管辖的夏威夷、关岛、塞班等领土，均属于美国的专属经济区。

我国的海上油田

我国在海上油田的发展上取得了非常优异的成绩，主要有渤海、东海、南海西部、南海东部四大海洋石油基地，仅 2001 年在海洋中所开采的石油和天然气，就约占全国油气总量的 1/6。

位于波斯湾的萨法尼亚油田，是世界上最大的海上油田。中国最大的海上油田是位于渤海的蓬莱 19-3 油田，已探明的地质储量达 6 亿吨。据科学推测，我国钓鱼岛附近也蕴含着丰富的石油资源。

蓬莱 19-3 油田

蓬莱 19-3 油田位于中国山东半岛北部的渤海，距离山东省龙口市仅 48 海里，属特大型整装油田，是国内建成的最大海上油气田。

萨法尼亚油田

萨法尼亚油田位于沙特阿拉伯东北部的波斯湾，是世界上规模最大的大型海上油田。

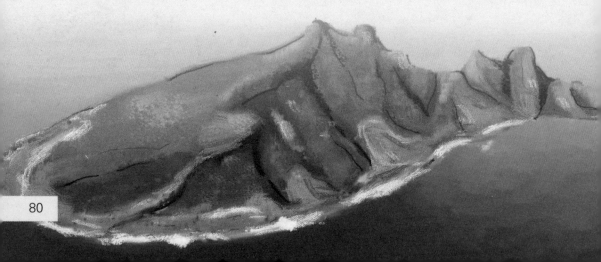

第六节　海洋矿产资源开发与海水污染

趣味链接

可爱的企鹅宝宝原本有着白白的肚皮，油亮的皮毛，可是为什么变成了现在这个样子呢？是什么伤害了他们？

南极企鹅

海洋是我们的"聚宝盆"，因为它拥有人类无法测算的巨大能量。在地球上人类已经发现的百余种元素中，一些在日常生产、生活中具有重要作用的矿产可以从海洋的砂矿中提炼获得。石油和天然气是人类赖以生存的重要资源，随着陆地使用的逐渐消耗，人们近年来开始重视海洋石油资源的开发和使用。天然气因其具有产热多、较清洁、储量大的特点，在海

海洋矿产资源

海洋矿产资源又称海滨矿产资源，主要是指海滨、大洋盆地、洋中脊底部等海洋区域中所包含的各种矿产资源。

洋中的价值仅次于石油而位居第二，可以说海洋矿产资源的开发与我们的生活息息相关。

人类在海洋矿产资源的开发过程中，由于操作不当、保护意识淡薄、管理力度不够等原因，可能对海洋环境造成不同程度的污染，这种污染的特点如下。

污染范围广

海洋约占地球面积的71%，并且海洋是一个相互联通的整体，一个地区被污染了，很快就会影响其他地区。

污染程度深，影响时间长

海洋自身有一定的

海上石油泄漏

自我净化能力，但海水污染常常会超过海洋自身的净化能力，并且长期存留在被污染的区域，危害海洋中动植物的生存和人类的正常生活。

治理有困难

首先，海水污染一旦发生，就会造成污染范围广、污染程度深等问题，因而治理过程会产生较高费用；其次，在治理的过程中使用化学物质，容易造成海水的再次污染；最后，海水污染的治理常常需要国家之间的共同合作。

海水污染对我们的环境产生巨大危害，我们一定要从身边做起，从一点一滴的小事做起，保护海洋环境，防止海水污染，让蔚蓝色的大海永远清澈、美丽，这是我们每一个地球公民义不容辞的责任。

海上石油污染

环保小卫士

海水污染的危害大家都已经知道了，我们也希望海水能够永远清澈蔚蓝，那么下面就请大家开动脑筋想一想：我们在日常生活中可以怎样防止海水污染呢？我们又该怎样去影响身边的人，让大家一起行动起来保护海洋呢？

出谋划策

通过上面的学习我们了解到海水污染具有污染范围广、污染程度深、影响时间长、治理困难大等特点，针对这些特点，请同学们开动脑筋，借助身边的报纸、广播、电视、网络等媒体，为海水污染的治理做一份合理的计划吧！

第四章
海洋生物资源

第一节　海洋鱼类与渔场

趣味链接

你听说过吗？有一种鱼会被淹死。有这样一种动物，诞生于约4亿年前，远在恐龙出现前就已在非洲刚果河流经的班韦乌鲁湿地定居，这就是肺鱼。

奇物档案

姓名：肺鱼

大小：体长可达 1～2 米

奇异指数：★★★★

我们都知道，一般鱼类是靠鱼鳃在水中呼吸的，但是肺鱼具有一套发育并不完全的鱼鳔，使得它们在陆地和海洋中都可以生存。肺鱼在不同地区有不一样的名称，如非洲肺鱼、南美肺鱼、澳大利亚肺鱼。非洲肺鱼和南美肺鱼多数时间用鱼鳔呼吸，如果长时间在水中不能到达水面换气，就会被淹死。但是澳大利亚肺鱼只有在水中氧气不足时，才会到水面上呼吸。

我们经常听说一些动物要冬眠，而肺鱼竟然要夏眠。在十分炎热的夏季，为了将器官的消耗量降到最低，肺鱼必须钻到深处的泥土之中，将身体缩成球状，不再摄取食物，进行休眠。

在自然环境中，一般肺鱼繁殖季节为每年的雨季，但非洲肺鱼会在夏眠

之后进行繁殖。一般的鱼在水中产卵，但是肺鱼把卵产在泥巢中。雌肺鱼把卵排出后，雄肺鱼负责照看。

澳洲肺鱼（模型）
Neoceratodus forsteri（cast）
现代 Modern

肺鱼 AR

萌物档案

姓名：小丑鱼

大小：最大体长11cm

萌力指数：★★★★★

小丑鱼是一种热带咸水鱼，因脸上的白色条纹酷似京剧丑角，故称"小丑鱼"。在每个小丑鱼的"小家族"里，都存在着一个具有统治地位的雌性和几个成年的雄性。小丑鱼为雌雄同体生物，如果具有统治地位的雌性死亡，成年雄性将改变激素，转变成为"小家族"中新的雌性统治者。

小丑鱼和海葵是很好的朋友。海葵带有毒刺，但是小丑鱼的身体表面具有黏

小丑鱼 AR

海葵 AR

液，所以可以自由自在地生活在海葵中。同时，在海葵的保护下，小丑鱼避免了来自大鱼的袭击。对海葵而言，小丑鱼的进出也吸引了其他鱼类靠近，增加了捕食的机会。

雌雄同体

在一个生物体中，雌、雄性状都明显的现象为雌雄同体。

小丑鱼和海龟

海葵

海葵是一种长在水中、构造非常简单的食肉动物，连最低级的大脑基础也不具备。虽然看上去很像花朵，但其实是捕食性动物，它的几十条触手上都有一种特殊的刺细胞，能释放毒素。

互利共生

互利共生是指两种生物如果在一起生活，对彼此有好处；如果分开生活，则双方的生活都会受到很大影响，甚至死亡。

特工档案

姓名：飞鱼

大小：长约 0.4 米

技能指数：★★★★

飞鱼具备"能飞"的特殊技能。其胸鳍特别发达，一直延伸到尾部，整个身体像织布的"长梭"。凭借"长梭"型的身体，飞鱼可以在水中高速运动。飞鱼能够跃出水面十几米，常夜间飞行。

国家海洋博物馆的飞鱼标本 AR

胸鳍

飞鱼的胸鳍位于左右鳃孔的后侧，相当于高等脊椎动物的前肢。胸鳍的主要功能是使身体前进、控制方向或在行进中"刹车"。

独特的避害本领

飞鱼的生活领域为海洋上层空间，面临着被各种凶猛鱼类捕食的风险。一般情况下，飞鱼不会轻易地跃出水面，但如果遭到攻击，或者被轮船震荡声刺激，便会运用这种特殊技能。借助"飞翔"本领，飞鱼逃脱了海中敌害的攻击。但这一绝招并不绝对保险，飞鱼在飞翔过程中面临着被海鸟捕获的风险，也会撞到礁石上丧生。

礁石
礁石是指江河海洋中距水面很近的岩石，不一定露出水面。

毒物档案

姓名： 蓝环章鱼 AR

大小： 长约 0.2 米

毒力指数： ★★★★★

蓝环章鱼与澳大利亚箱形水母一样，是含剧毒的海洋生物。它们体内的毒液能快速置人于死地。幸运的是，蓝环章鱼并不好斗，它们很少攻击人类。如果遇到危险，它们会使身体颜色变亮，并显示出蓝色的圆形花纹，向对方发出警告。

蓝环章鱼毒力超强，其可分泌一种毒性很强的神经毒素，对具有神经系统的生物来说是致命的。蓝环章鱼在一次啮咬中分泌的毒液足以夺人性命。由于目前还没有解毒剂，蓝环章鱼变成了已知的、极可怕的海洋生物之一。

箱形水母 AR

箱形水母是一种剧毒的海洋生物。触须上有着数千个剧毒的刺细胞，其在水中难以被发现，游速极快（超过 4 千米 / 小时）。如若碰到箱形水母身上的微小细胞，可能会快速死亡。

怪物档案

姓名：尖牙鱼

大小：长约 0.2 米

恐怖指数：★★★★

尖牙鱼栖息在海洋中很深的地带，尽管 500~2000 米是其最常栖息的地方，但在深至 5000 米处的深渊带他们也会安家。深渊带的水压大得可怕，温度接近冰点。此处食物缺乏，所以这里的鱼看见什么就吃什么。

尖牙鱼曾被评为世界上最丑陋的动物。它虽然看上去很丑、很吓人，但它对人类的危害很小，可以说几乎没有危害。尖牙鱼很小，但是和身体不成比例的巨大牙齿，使它显得十分恐怖。

大牙的存在使得尖牙鱼微型脑子的左右两侧各留出一个"插槽"，以便大嘴能够合上。相对于其体型来说，尖牙鱼的大牙具有绝对优势，体型比它庞大的鱼类也可能成为其盘中餐。

畅想未来

你是否盼望过可以在海上居住？你有没有设想过与海洋动物做邻居？动手将你的设想画下来吧！

冰点

淡水在 0℃结冰，叫作冰点，又称凝固点。

渔场档案

趣味链接

鱼是大家在餐桌上经常会看到的美味佳肴。很多鱼来自海里，但是大家想象一下，大海那么大，我们怎么从辽阔的海洋中捕捉到这么多的鱼呢？其实是有诀窍的，因为我们知道它们经常聚集在渔场。

鱼类聚集地主要为北海道渔场、北海渔场、纽芬兰渔场、秘鲁渔场，它们合称为世界四大渔场。

聚集地 1：北海道渔场

分布

亚洲东部、日本北海道岛附近海域，是日本暖流和千岛寒流的交汇处，北海道渔场即位于此。

档案

冷水与暖水相遇，冷水下沉，暖水上升，水流上下搅动将海底的营养物质带到了海面。

不仅如此，寒暖流交汇形成天然"水障"，阻止了鱼群游动，并且周围国家的捕鱼技术发达，使这里成为世界第一大渔场，为人类提供了丰富的食材。

主要食材 1：鲑鱼 AR

鲑鱼主要生活在沿海水域，可以在海洋与河流中交替生活。作为食材，鲑鱼的做法很多，可以烟熏，日本人经常将鲑鱼肉切成刺身或制成寿司。

主要食材2：秋刀鱼

秋刀鱼生活在水深200米以内，属于上层鱼类，主要分布于太平洋北部温带水域。秋刀鱼富含蛋白质和脂肪，味道鲜美，价格低廉。

聚集地2：北海渔场

分布

北海渔场位于大不列颠岛、斯堪的纳维亚半岛、日德半岛之间。

国家海洋博物馆的鲑鱼模型

档案

北海渔场形成的原因与北海道渔场相近，北海渔场处在北大西洋暖流与来自北极的寒流交汇之处。这片海域是世界上最为繁忙的海域之一，也是沿岸各国及欧洲与其他各大洲之间大宗货运的主要航道，为欧洲注入源源不断的物资。不仅如此，该地区还有丰富的油气资源。因此，北海渔场犹如欧洲的"聚宝盆"。

味蕾大开

借助书籍、网络，看一看北海道渔场还有哪些重要的食材资源呢？

95

主要食材 1：鲱鱼

鲱鱼鱼群之密，个体之多，可以说是世界上数量最大的一种鱼。鲱鱼在集群洄游开始前的 2~3 天，有少数颜色鲜明的大型个体作为先头部队，接踵而来的是大规模鱼群，所以有经验的渔民，根据海水的颜色和鱼群窜动的水花就能判断它们的位置。

走进欧洲

　　欧洲拥有北海渔场这样一个鱼类宝库，那么在欧洲人的日常生活中，有哪些与北海渔场有关呢？

主要食材 2：鳕鱼

鳕鱼生活在深海中下层，鳕鱼的主要出产国是加拿大、冰岛、挪威及俄罗斯，其中挪威的北极鳕鱼久负盛名。

聚集地 3：纽芬兰渔场

分布

纽芬兰渔场位于纽芬兰岛沿岸，由拉布拉多寒流和墨西哥湾暖流交汇形成。

档案

纽芬兰渔场以"踏着水中鳕鱼群的脊背就可以走上岸"著称。在 15 世纪末，欧洲的探险队行驶到这里时发现了纽芬兰渔场，解决了当时欧洲人的温饱问题，并且培养出了大批英勇的海员。但由于夜以继日地疯狂捕捞，大型机械化拖网渔船的应用及环境破坏，这个渔场已经大幅退化了。20 世纪 90 年代后期，纽芬兰渔场渐渐消亡。

主要食材 1：金枪鱼

金枪鱼是一种大型远洋性重要商品食用鱼，是一种很受欢迎的海产品，营养价值高。金枪鱼是游泳速度最快的海洋动物之一，只有极为凶残的鲨鱼和大海豚能与它匹敌，并且与大部分鱼类不同，金枪鱼的血是热的。

"无国界之鱼"——金枪鱼

历史探寻

在 20 世纪，纽芬兰渔场究竟发生了什么，让如此庞大的渔场消失？

聚集地 4：秘鲁渔场

分布

秘鲁渔场位于秘鲁沿岸的东南信风带内。

档案

秘鲁渔场是四大渔场中唯一不因为寒暖流交汇而形成的渔场。秘鲁渔场的成因是风吹拂表层海水做离岸运动，底层海水携带大量营养物质向上补偿，形成上升补偿流，并且沿海常年被云雾所笼罩，光照不强烈，利于沿海浮游生物的大量繁殖。这些浮游生物的产生吸引了大量鱼类来此生存，因此形成了著名的秘鲁渔场。

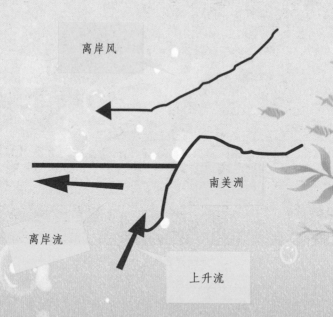

秘鲁渔场形成原因

画出真相

动手画一画秘鲁渔场与其他渔场形成原因的不同。

主要食材 1：凤尾鱼

凤尾鱼体形修长，后部侧扁，有着非常漂亮的尾巴，雄鱼与雌鱼的体型和色彩差异较大，其身体及背鳍、尾鳍的颜色五彩缤纷。

主要食材 2：鳀鱼

鳀鱼的鳞为圆鳞，非常容易脱落，腹部圆形，尾鳍叉形。鳀鱼属于温水性的中上层鱼类，趋光性较强，90% 以上的鳀鱼用来制作鱼粉和鱼油。

中国渔场

我国的四大渔场为渤海湾渔场、南海渔场、舟山渔场、北部湾渔场，其中舟山渔场是我国近海最大的渔场。

舟山渔场位于杭州湾以东、长江口东南的浙江东北部，光照、养分充足。长江、钱塘江等大江大河为此处提供了源源不断的营养物质，并且有台湾暖流与沿岸寒流在此交汇，使得水流搅动，养分上浮。不仅如此，周围岛屿众多，为鱼类的生活与繁殖提供了有利条件。舟山渔场位置适中，是多种经济鱼类洄游的必经之处。

话说舟山

与身边的小伙伴聊一聊有没有去过舟山渔场的。如果有，交流一下有怎么样的感受，那里居民的生活是怎样的。

第二节 海洋藻类与其他海洋生物

趣味链接

一阵海浪翻过，水中隐约可见一株株"海草"随海浪舞动，它们是海草还是人工养殖的海带？答案是海藻，即生长于海中的藻类植物，如海带、紫菜、石花菜、龙须菜等。最常见的大型海藻是海草，如绿藻、红藻和褐藻。海藻含有增强免疫力及抗癌活性的物质，和海带很像，比海带细一些。

王者档案

姓名：巨藻

技能：巨藻是藻类王国中的"巨无霸"。巨藻外貌惊人，植物学专家表示，巨藻不但寿命很长，存活期达 12 年，而且也是生长最快的海洋植物之一，能以每天约 60 厘米的速度生长。之所以称它为"巨无霸"，是因为巨藻可以长到 200~300 米，重量可达 200 千克。巨藻可以食用，味道和海带差不多。同时巨藻还可以用来提炼藻胶，制造五光十色的塑料、纤维板，也是制药工业的原料。

萌物档案

姓名：硅藻

技能：硅藻是一种单细胞浮游植物，体积非常小，10 个硅藻并排在一起才有针尖那么大。硅藻的分布很广泛，遍布全世界，不仅在海洋中、淡水中，甚至是潮湿的表面都能发现它的身影。它虽很小，但非常坚硬，经过科学家测算，硅藻可以承受每平方米 100~700 吨的重量！

> **藻胶**
>
> 是指用各种海藻提取的多糖胶。被用于食品工业和一些化学工业中。

硅藻的外观

硅藻的结构

王者档案

姓名：褐藻

技能：褐藻是较高级的藻类，约有 1500 种，形体大小各异，大型褐藻如海带类，长可达 1~100 米。

褐藻胶

褐藻胶是藻胶的一种，存在于各种褐藻中，如马尾草、昆布、海带等，用于食品、医药、纺织等行业。

除少数种类的褐藻生活在淡水中外，绝大部分都生长在海洋里，是海底森林的主要组成部分。褐藻是褐藻胶的主要成分。

马尾藻是褐藻的一种，大多种类为暖水性，广泛分布于暖水和温水海域，如印度洋、西太平洋和澳大利亚沿岸。我国是马尾藻的主要产地之一，约有 60 多种。

褐藻普遍含有大量黄橙色的藻褐素，所以大多呈褐色，其细胞壁富含藻胶物质，常常用于各种食品的添加剂中，也用于橡胶工业。

褐藻在医药上的使用有上千年历史，具有降血压和抗癌的作用。褐藻可以食用，像我们日常生活中吃的海带、裙带菜、小海带等。

马尾藻

褐藻

平民档案

　　姓名：紫菜

　　技能：紫菜属于红藻，是我们生活中常见的可食用海藻。如果去海边游玩，我们常常能在浅海的岩石上发现它们的身影。紫菜已经有 1000 多年的食用历史，它含有丰富的蛋白质、微量元素等，具有很高的营养价值。

紫菜

平民档案

姓名：石花菜

技能：石花菜是常见的红藻，生长在浅海区域的礁石上。石花菜有很多分支，呈紫红色，可食用，是沿海地区人们餐桌上的美食。制作果冻、布丁等食品使用的琼脂，就是由石花菜提炼而成的。石花菜又被称为牛毛菜、红丝等。

石花菜

平民档案

姓名：海茸

技能：海茸生长在深海中，属
于褐藻。海茸对于生长环境的要求
非常高，在没有污染的海域中才能
生长。海茸的口感鲜美脆爽，营养
丰富，是健康又美味的食材。

小小交流家

和你身边的小伙伴交流一下，
你在查找资料时还了解了哪些藻
类。

海茸丝

第三节　海洋动物

趣味链接

　　落日余晖，微风吹拂海面，波光闪闪，成群的虎鲸露出背鳍，在海上划水而行，鲸鱼和海豚的"歌声"此起彼伏，惊醒了在海面休息的海鸥、海燕，美人鱼也纷纷跳入水中……这些童话中的主角就是神奇的海洋动物。

海洋王者档案

姓名：虎鲸

分布：虎鲸广泛分布于世界各大洋，我国沿海海域均有分布。

　　虎鲸亦称"逆戟鲸"，是哺乳纲鲸目海豚科。虎鲸的体型两头略尖，中间鼓起，类似于橄榄球的样子，表面光滑，背部漆黑，腹面大部分为白色。虎鲸的前肢是一对很发达的鳍，而后肢已经消失。

　　高耸于背部中央的三角形背鳍是虎鲸的标志，背鳍弯曲可长达1米，它时而是进攻的武器，时而又起到"舵"的作用。

海洋哺乳动物

　　海洋哺乳动物是适应在海栖环境生活的哺乳类动物中的特殊类群，也被人们称作"海兽"，其特点是能在海洋中胎生哺乳、用肺呼吸、保持恒温，且身体呈流线型，是一种前肢为鳍状的脊椎动物。目前主要包括哺乳纲中的鲸目、鳍足目、海牛目、食肉目的海獭等种类。

虎鲸全长不超过 10 米，体重在 7 吨左右，属于比较小的鲸类。不过虎鲸胆子大又狡猾，是捕猎高手和游泳健将。游速每小时达 55 千米，在捕猎时它的速度更快，猎物难以逃脱。虎鲸的食物很广泛，鱼虾、海鸟，甚至大鲨鱼、海象，都是虎鲸口中的美味佳肴。

小组活动

运用互联网搜索相关资料，小组内讨论：你心目中的海洋歌唱家（美人鱼、海中智叟、最喜欢梳妆打扮的哺乳类动物）都有哪些？

虎鲸凶猛吗？

一提到虎鲸，你的第一反应也许会觉得它像老虎一样凶残，但其实不然，到目前为止，世界上还没有虎鲸袭击人类的案例。因为虎鲸有智慧，人类已经开始驯养虎鲸。比如，在海滨旅游区的人们训练虎鲸进行娱乐表演或是帮助救人。

虎鲸 AR

海洋狮王档案

姓名：海狮

分布：海狮主要分布于北太平洋、美国西北部沿海、南美洲沿海和澳大利亚西南部沿海。

海狮是脊索动物门哺乳纲鳍足目海狮科，因其颈部生有鬃状的长毛，叫声也很像狮子吼，所以得名。目前已知的海狮共有 14 种。

海狮头部圆圆的，耳朵很小，四肢呈鳍状，既能在水中遨游，也能在陆地上行走。海狮的尾巴很短，全身覆盖浓密的短毛，毛色一般有黄褐色、褐色、黑褐色等。海狮的视力很差，不过听觉和嗅觉都是非常灵敏的。

海狮具有和其他哺乳类动物一样的特征，如用肺呼吸、胎生、恒温等。海狮的四脚像鳍，很适于在水中游泳。海狮是一种十分聪明的海兽。

海狮（天津海昌极地海洋公园供图）AR

海耕耘者档案

姓名：**海象**

分布：海象主要生活在北极海域，可称得上是北极的特产动物。但它可做短途旅行。

海象是脊索动物门哺乳纲鳍脚目海象科中唯一的种群，生活在北极海，以乌蛤、油螺等为食。因其与陆地上的大象在外形上有相似之处而得名"海象"。

海象（天津海昌极地海洋公园供图）

海象身体庞大，皮厚而多皱，有稀疏的坚硬体毛，眼小，视力欠佳，体长3～4米，重达1300千克左右，长着两枚长长的牙。在众多海洋动物中，海象是最出色的潜水能手。海象在潜入海底后，可在水下滞留2个小时，一旦需要新鲜空气，只需3分钟就能浮出水面，而且无须减压。

国家海洋博物馆的海象标本

海洋寿星档案

姓名：海龟

分布： 在我国海龟主要分布在东南部沿海地区，如山东、福建、台湾、海南、浙江和广东沿海。

海龟俗名"绿海龟"，是爬行纲龟鳖目海龟科海龟属海龟种。海龟是有名的"活化石"。海龟的祖先生活在地球上要追溯到 2 亿多年前。海龟的寿命非常长，根据《吉尼斯世界纪录大全》记载，最长寿的海龟寿命达 152 岁。

海洋爬行类动物

脊索动物门中爬行纲的爬行类动物是一类属于四足总纲的羊膜动物。这种动物十分古老，在远古，爬行类动物是第一批真正摆脱对水的依赖而征服陆地的变温脊椎动物。在中生代，爬行类动物是陆地、海洋和天空的统治者。但海洋爬行类动物现存的只有海龟、海鳄和海蛇三类，鱼龙、蛇颈龙两类已灭绝。

海龟（天津海昌极地海洋公园供图）AR

濒危的海龟

在 1998 年出版的《中国濒危动物红皮书》中对绿海龟下达了"极危"通告，由于人类每年在绿海龟繁殖期大面积地撒网捕龟，以及海洋污染的日渐加重，使得绿海龟的生存环境逐渐恶化，数量锐减，濒临灭绝。

绿海龟的脂肪呈绿色，这也是它们得名的原因。绿海龟的身体庞大，套有扁圆形的甲壳，在壳外只有四肢和头部。最大的巨型绿海龟，可以长到 150 厘米，体重高达 250 千克。绿海龟寿命可达百年以上，可谓是名副其实的海洋"寿星"。

海龟

海洋毒王档案

姓名：海蛇

分布： 海蛇主要分布在大洋洲北部至南亚各半岛之间的水域内。

海蛇是海洋中蛇类的统称，包括在脊索动物门有鳞目眼镜蛇科内，细分类下有青灰海蛇、青环海蛇、小头海蛇、长吻海蛇等。现存的海蛇约有50种，它们和眼镜蛇有密切的亲缘关系。

在人们还没有了解海洋的神奇之前，曾有记载称"毒蛇之王 ——眼镜蛇是世界上最毒的动物。但事实证明，青环海蛇的毒性比它还要大，艾基特林海蛇在世界毒性最烈动物中位列前十。生活在帝汶岛的贝氏海蛇是世界上最毒的动物，被它咬伤的人会在数十分钟内死亡。

海蛇

海洋"原始生物"档案

姓名：湾鳄

分布：湾鳄主要分布在东南亚沿海至澳大利亚北部及巴布亚新几内亚等地。

湾鳄又被称为"食人鳄""河口鳄""咸水鳄""马来鳄"，处于湿地食物链的顶层，是脊索动物门爬行纲鳄形目鳄科鳄属的唯一的种群。湾鳄是当今所知的23种鳄鱼品种中体型最大的一种，也是世界上现存最大的爬行动物。

成年后的湾鳄体长3～7米，体重可达1吨。湾鳄和其他鳄鱼一样，是恐龙家族的一员。鳄鱼被科学家们称为活化石，早在大约1.4亿年前，鳄鱼就生活在地球上了。随着环境的变化，曾经称霸地球的恐龙家族成员逐渐灭绝，鳄鱼从原来的23个品种减少到几个品种，湾鳄是其中的幸存者之一，科学家也称它为活化石。

湾鳄

滑翔健将档案

姓名：信天翁

分布：信天翁主要分布于南半球，少数生活在北太平洋和赤道地带。

信天翁又名海鹅，是脊索动物门鸟纲鹱形目信天翁科，21 种大型海鸟的统称。由于它们在岸上表现得十分驯顺，因此，又被人们赋予"呆鸥"或"笨鸟"的俗称。

信天翁 AR

想一想

你能整理出文中提到的海洋生物的界、门、纲、目、科、属、种的树状图吗？动手试一试。

信天翁非常善于利用风，是杰出的"滑翔健将"。它们可以不拍动翅膀而滑翔几个小时。不过起飞时需要逆风，有时还要助跑或从悬崖边缘起飞，但无风时它们难以使笨重的身体升空。信天翁多漂浮在水面上。

海鸟

海洋鸟类是指以海洋为生存环境的一类鸟，它们的主要食物是从海洋中获得的。根据习性不同，海洋鸟类可分为两类：一类是海岸鸟，他们生活在海岸附近，有时也会到陆地的河流中觅食，比如海鸥；一类是海上鸟，或称大洋鸟，这类鸟基本生活在海上，或者大部分时间在海上飞翔，比如信天翁、企鹅、海燕。

其实，有些海鸟经过长时间进化，都擅长游泳和潜水，成为"水中运动健将"，飞翔的本领反而退化了。

海鸟

潜水健将档案

姓名：企鹅

分布：企鹅主要分布在南极大陆，其余多分布在各大洲南部海岸和沿海岛屿上。

企鹅是一种不会飞翔而擅长游泳和潜水的海洋鸟类，属于脊索动物门鸟纲企鹅目企鹅科。企鹅身体肥胖，原名为"肥胖的鸟"。但是因为它们经常在岸边直立远眺，好像在企望着什么，因此，人们便把这种肥胖的鸟叫作"企鹅"。

企鹅 AR

企鹅会飞吗？

1620年，法国的皮加菲塔船长在非洲南端见到会潜游捕食的企鹅时，将其称为"有羽毛的鱼"。他误认为，企鹅和鸵鸟都是会飞的鸟类。虽然现在我们认识的企鹅并不会飞，但根据化石资料，其实最早的企鹅是能够飞翔的。直到65万年前，企鹅的翅膀才慢慢演化成能够下水游泳的鳍肢，转变成了目前我们所看到的企鹅。

想一想

你喜欢文中提到的海洋生物吗？如果喜欢，那么你应该如何与它们和平相处呢？

第四节 海洋生物资源保护

趣味链接

孩子说："我们长大了还能吃到鱼吗？"鱼儿哀求："等我们长大了再捞好吗？"

看到这幅漫画，你想到了什么？

海洋被认为是第二个生存空间，又被誉为"蓝色国土"。海洋中不仅蕴藏着大量的石油资源和矿产资源，更含有丰富的生物资源。据了解，人类早在几千年前，就开始开发利用海洋资源了。

从早期沿海较为简单的渔业和盐业开始，人类不断探索并逐步向远洋海域开发海洋。

中国的海洋面积广阔，海岸线蜿蜒绵长，北起渤海，经黄海、东海，南至至南海。正因海域如此辽阔，合理规划对海洋资源的合理开发和利用，实现其可持续发展是至关重要的。

海洋生物资源开发中的问题

资源开发超负荷，渔业资源破坏显著

中国海洋生物资源丰富，可被人类认知的海洋生物超过 2 万余种。自古至今，渔业是开发利用的主要方式。

海洋自然保护区

海洋自然保护区是指国家针对保护某种海洋生态对象而划分的各类海域、海岸和海岛区。

《中华人民共和国海洋环境保护法》

《中华人民共和国海洋环境保护法》旨在维护和改善海洋环境，防止海洋资源生态破坏，促进环境生态平衡与发展，维持人类的健康生活，保障社会经济与自然环境稳定持久发展。

随着科技进步，人类对海洋资源的需求和开发不断深入，某些以谋钱图利为目的不尊重自然的行为，不仅对资源造成破坏，而且使资源难以修复。

渔业在为人类带来经济效益的同时，也在深深地影响着海洋资源的再生能力。

有些渔民为达到经济效益，恶意捕捞，不遵守休渔制度。过度捕捞、在非规定区域捕捞等行为，不但严重破坏鱼类资源，而且危害着水体的生态平衡。

休渔

为了对鱼类进行更好的保护，规定在每年的指定时间内，停止捕捞海域内的鱼类。

环境污染催化海洋生态环境恶化

沿海地区经济建设较为发达，人民生活水平不断提高，面临的海洋污染问题接踵而至，部分海洋生态环境受到不良影响，并且日益恶化，对人类产生了不良影响。

海洋生态环境被破坏

滩涂围垦和填海造陆日趋密集

近些年，沿海滩涂不断进行围垦，人类利用先进技术围海造陆、填海造陆，建立生活区或者相关旅游景点。这些行为虽然获得了一定的经济利益，但是引发的问题不容忽视。大陆海岸线有缩短的趋势，海洋地区的生物不仅失去了滩涂、沼泽及湿地资源，同时由于得不到良好的繁衍生息，其数量与多样性明显下降。

滩涂

滩涂是湖滩、河滩及海滩的总称，一般多指沿海滩涂。

水利工程建设与海岸工程建设

"营鱼盐之利，行舟楫之便"，此诗句描写出了海洋对于人类生活的重要功能，即产出功能和服务功能。海岸工程与海洋的开发，一方面为人类生存发展带来便利，另一方面给海洋生物的生存造成了不利影响，如沿河建闸修坝工程。水坝的建设为人类带来了安全保障，但是改变了鱼类的生存环境，改变了鱼类的洄游路线，导致鱼类找不到"回家的路"。

环保小卫士

以《我眼中的海底世界》为题，通过参观海洋馆或阅读相关书籍，绘制一幅美丽的图画。倡导并宣传环保知识，展开想象，动手做起来吧！

请思考：我们生活的环境，需要海洋生物来做"清洁工"吗？

如何保护海洋生物资源

加强和完善政策法规

建立更有针对性、更全面、更完善的海洋生物资源保护法规，每个国家都要意识到保护海洋环境与海洋生物资源的重要性。

加强对海洋生物环境的保护

对海洋环境的保护要做到全面规划、分工管理、加强合作、控制污染、防治结合、综合治理，既要开发海洋，又要保护海洋环境。同时，我们必须发展远洋渔业，避免近海地区污染，同时提高远洋渔场探测技术、合理捕捞技术、海洋资源加工技术、生态修复技术等。要跨区域开发海洋生物资源，促进国际间合作发展。

建立海洋自然保护区

海洋自然保护区是对海洋资源进行保护建立起的一座"保护屏障"。海洋自然保护区的建设，既可以体现人类对于海洋资源的人文关怀，又可以较为完整地保存海洋环境资源，保持生物多样性，建立人与自然的良好关系，减轻人类对自然造成的负面影响。

借鉴其他国家的渔业管理措施

国际社会为了控制和减少捕捞采用了多种措施，主要包括减少并限制渔船数量、严格的登记制度等。其中，海洋渔业资源保护一般从投入和产出两种控制制度方面采取措施。投入控制制度，是指通过投入部分，即入渔许可、禁渔区、禁渔期等规定来控制和调节捕捞的一种控制制度。

保护生物多样性

海洋约占地球表面积的 71%，为人类带来了丰富的自然资源，地球上近 4/5 的生物生存在海洋中，因此，人们常说海洋是生物的摇篮。海洋生物通过个体或者种群的生长、发育和孕育下一代而得到生生不息的新老交替和自我更新，极大地补充了种群数量，并通过一定的自我调节能力，优胜劣汰，达到数量上的相对稳定。

海洋是巨大的生物能源宝库，多种多样的海洋生物能源具有不可估量的经济、社会和生态价值。随着海洋生物技术不断开发应用，20 世纪中叶，已经从海洋生物中提取得到 1.5 万余种可被人们认知的化合物，有些在抗病毒、抗肿瘤等方面，拥有广阔的药用前景。

安全小贴士

海洋生物为海洋带来了生机勃勃的景象，为人类带来了十分宝贵的资源。但海洋生物也会给人类带来威胁，比如在你海边旅行的时候，也需要防范以下几种海洋生物。

石鱼

石鱼，顾名思义是一种可以伪装成石头的鱼，但仅仅在察觉到危险的时候，石鱼才会竖起身上的刺，分泌毒液。

刺鳐

如果你在海边看到一只体型扁扁的鱼，尾巴像是拿着剑的样子，那便是刺鳐。通常刺鳐会避开人多的地方，但是如果一不留神踩到它，毒刺会刺穿皮肤。刺鳐的毒素并不致命，但是所引起的反应很严重。

海胆

海胆外表看起来可爱，但是它的体刺锐利且含有毒素，如果不小心刺入皮肤，会危害身体健康。

请思考：根据描述，你能否想象出石鱼、刺鳐、海胆的外形？

　　建立以海洋生物资源为主体的海洋生态系统,对维护海洋生物多样性、保持海洋生态平衡及稳定,乃至推动人类文明发展都起到至关重要的作用。

　　我们要正确处理经济发展与海洋生态环境保护的关系。坚持保护海洋生态环境、保护海洋生物的多样性,才能长期有效地实现可持续发展,为人类进步提供更和谐的空间。

出谋划策

　　张华想要开展一个以"保护身边生物资源"为主题的班会活动,请你设计一个方案,帮助她安排班会活动的各项节目。

畅想未来

　　"移居海洋""与海洋生物为伴"是很多小朋友的梦想,试想你所期待的"海中房间"是怎样的?如果把你的好朋友比喻为海洋生物,他们比较像哪种生物?并说一说理由。

第五章
知识拓展

第一节 海上丝绸之路

知识拓展

海上丝绸之路是指古代中国与世界其他地区进行经济、文化交流的海上通道。形成的主要原因是中国东南沿海多山且平原少，内部往来不易，由此许多人便积极向海上发展。

海上丝绸之路从中国东南沿海，经过中南半岛、南海诸国，穿过印度洋，进入红海，抵达东非和欧洲，成为中国与外国贸易往来、文化交流的海上大通道，并推动沿线各国的共同发展。

海上丝绸之路

中国境内的海上丝绸之路主要由广州、泉州、宁波三个主港和其他支线港组成。从 3 世纪 30 年代起，广州便成为海上丝绸之路的主港。

东汉初年

宁波地区已与日本有交往。

唐朝

宁波成为中国的大港之一。

唐宋时期

广州成为中国第一大港。

两宋时

靠北的外贸港先后被辽、金所占，或受战事影响，外贸大量转移到宁波。

宋末至元代

泉州成为中国第一大港，也是"东方第一大港"，可与埃及的亚历山大港相媲美，后因明清海禁而衰落。泉州是唯一被联合国教科文组织承认的海上丝绸之路的起点。

明至清初

海禁使广州长时间处于"一口通商"局面，是世界海上交通史上唯一的 2000 多年长盛不衰的大港。

21 世纪海上丝绸之路

2013 年，中国国家主席习近平在出访中亚和东南亚国家期间，提出共建"21 世纪海上丝绸之路"的重大倡议，得到国际社会高度关注。21 世纪海上丝绸之路圈定上海、福建、广东、浙江、海南 5 省市。而天津港是"海上丝绸之路"的一个节点，于 2020 年 3 月 19 日开通"21 世纪海上丝绸之路"新航线，即天津 - 胡志明集装箱班轮航线。

广州港

广州港位于广东省广州市，地处珠江入海口，紧邻香港和澳门，地理条件非常优越。其管辖岸线总长 423.5 千米，是中国第四大港口，吞吐量排名世界第五。广州港已有 2000 多年的悠久历史，早在东汉时期就是海上丝绸之路的主港，唐宋时更成了中国第一大港。在明清两代，海禁政策使得广州成为中国唯一的对外贸易大港。从古至今，广州港一直热闹繁华，往来贸易不断，被称为"历久不衰的海上丝绸之路东方发祥地"。

你认为广州港从古至今一直是中国最重要港口的具体原因是什么呢？它有哪些具体的优势？你能想到多少？尝试用思维导图画出来。

自然

历史　　　　经济

交通　　　　政策

泉州港

泉州港位于福建省泉州市晋江下游，在唐、宋、元朝时期十分繁荣，是当时世界有名的港口，原名"刺桐港"，也是海上丝绸之路的起点，有着非常重要的历史地位。泉州港海岸线北起泉州市惠安县小岞镇东山村，南至南安市石井镇菊江村。海岸线长约451.2千米，港口资源优越，是福建省三大港口之一。历史上曾以四湾十六港闻名于世，现又开发了湄洲湾肖厝深水良港。

你认为泉州能成为海上丝绸之路起点的具体原因是什么？它有哪些具体优势呢？

小提示

海岸线长，水深较深。除了所给示例，你还能想出其他优势吗？尝试用思维导图画出来。

历史　　自然　　经济　　政策

上海港

上海港位于上海市，是中国沿海的主要枢纽港，吞吐量居世界第一。上海港地处长江入海口、长三角经济圈，而长江又是货运量世界第一的内河，可见上海港优越的地理位置和繁荣程度了。上海港是我国对外开放的重要口岸，上海市外贸物资中的 99% 经由上海港进出，每年完成的外贸吞吐量，占全国沿海主要港口的 20% 左右。作为世界著名港口，上海港货物、集装箱吞吐量均位居世界第一。

 上海已经成为 21 世纪海上丝绸之路的重要港口，你认为具体原因是什么呢？它又有哪些具体优势呢？

 除了所给出的例子，你还有哪些想法？上海的气候有什么特点？经济发展得如何？有政府帮助吗？交通便利吗？

历史　自然　经济　政治　交通

小提示

上海位于长江三角洲地区，经济发展得好，上海市是全国最大的经济、金融、贸易、科技、文化、信息中心。

天津港

天津港又称天津新港，是我国北方最大的综合性港口。天津港地处海河入海口，在京津冀和环渤海经济圈的交汇点上，是北方最重要的对外贸易口岸之一。天津港港口岸线长 153.669 千米。2018 年，天津港货物吞吐量达到 5.08 亿吨。天津港是在淤泥质浅滩上挖海建造而成的世界级人

工深水港，可以满足 30 万吨级的船舶进出。天津港由 5 个港区组成，即北疆港口、东疆港口、南疆港口、临港经济区南部区域、南港港区东部区域。

天津港为海上丝绸之路的节点，在海上丝绸之路上占据重要地位，你认为是哪些具体优势使得天津港成为重要港口呢？

小提示

对外交通及陆上交通发达，三条重要铁路干线在此汇集。除此之外，你认为天津港还有哪些优势呢？

介绍了我国具有代表性的重要港口后，接下来根据 21 世纪海上丝绸之路图，一起来认识几个国外的重要港口。

印度尼西亚的雅加达港

雅加达是东南亚第一大城市，也是世界著名的海港城市。位于爪哇岛西北部沿海，濒临雅加达湾。

雅加达是一座历史悠久的名城，几百年前就已经是输出胡椒和香料的著名海港。雅加达城区分为两个部分，北面滨海地区是旧城，为海运和商业中心。

雅加达港被认为是"21 世纪海上丝绸之路"战略支点建设的优先考虑

雅加达港拥有哪些具体优势使其成为重要港口呢？

小提示

雅加达港对外交通发达，干线汇集。除此之外，你认为雅加达港还有哪些优势呢？

地点，实际上也一直扮演着沟通中国和印度的重要通道，在海上丝绸之路中的作用十分重要。

意大利的威尼斯港

威尼斯港是意大利最大的港口之一，港口长 12 千米，总面积达 250 公顷，每年进出港口的船只在万艘以上。威尼斯城由 177 条河道、118 个岛屿和 400 座桥梁联成一体。

这里以舟代车，有"水城"之称，中世纪为地中海最繁荣的贸易中心之一。这里生产的珠宝、玉石、花边、刺绣等工艺品享誉世界。

从《马可·波罗游记》到"新丝绸之路"，意大利威尼斯港的"一带一路"情结可谓极其深厚，威尼斯港在海上丝绸之路的地位愈加重要。

 是哪些具体优势使得威尼斯港成为重要港口呢？

小提示

威尼斯港占据进入欧洲腹地的要道，距欧洲制造业重地较近。除此之外，你认为威尼斯港还有哪些优势呢？

第二节　海水也能走进厨房

提出问题

　　大家都知道，海水是不能直接饮用的，我们平时直接饮用的是淡水。海水是咸的，我们厨房里用的盐也是咸的，其实盐大多是从海水里提取的。那么我们如何用海水制盐呢？下面一起来探究一下。

探究材料

　　烧杯、蒸发皿、铁架台、酒精灯、玻璃棒、坩埚钳、过滤过的海水。

探究步骤

　　（1）将海水倒入蒸发皿中，把蒸发皿放在铁架台的铁圈上，用酒精灯进行加热，同时用玻璃棒不断搅拌蒸发皿中的海水。

　　（2）等到蒸发皿中出现较多固体时，停止加热，利用蒸发皿的余热将海水蒸干。

　　最后得到的就是盐。

　　过滤的要点

　　"一贴二低三靠"。

　　一贴：滤纸紧贴漏斗内壁。

　　二低：过滤时滤纸的边缘应低于漏斗的边缘，漏斗内液体的液面应低于滤纸的边缘。

三靠：倾倒液体的烧杯嘴紧靠引流的玻璃棒，玻璃棒的末端轻轻靠在

三层滤纸的一边，漏斗的下端紧靠接收的烧杯。

蒸发的要点

（1）蒸发皿中液体的量不能超过其容积的 2/3。

（2）蒸发过程中，为了防止局部温度过高而使液体溅出，需要用玻璃棒不断搅拌。

（3）当看到大量固体析出时，停止加热，利用余热将滤液蒸干。

（4）用坩埚钳夹持蒸发皿。

第三节　制作海洋藻类博物馆

提出问题

在生活中，大家经常可以看到水面上浮着浅绿色的生物，也可以吃到深绿色的海带，那么大家知道它们都属于藻类吗？大家尝试用自己认为的藻类，制作一个藻类标本。

知识拓展

藻类是原生生物界的类真核生物，主要为水生，能进行光合作用。小到 1 微米，大到 60 米，体型大小各异。藻类最主要的品种有蓝藻、红藻与绿藻。

蓝藻

蓝藻广泛分布在淡水和海水中，潮湿或干旱的土壤中也可生存，甚至在树干、树叶、温泉、冰雪中也能找到它们的身影，具有极大的适应性。

红藻

红藻绝大多数产于海水中，以固着的方式生活。植物体大多都是多细胞的，通常为丝状、片状或树枝状。色素体多呈红色或紫红色。

绿藻

绿藻多生于淡水中，海产的种类较少，以浮游、固着或附生的方式生活，有少数种类为寄生或共生。植物体分为单细胞或群体，繁殖方式多种多样，

螺旋藻

有些种类在生活史中有世代交替现象。

探究材料

自带的藻类材料、宣纸、夹板等。

探究步骤

（1）海带、裙带菜等，洗净，晾干。

（2）将藻类进行分类并标注。

（3）将藻类夹在两张纸之间，用两片夹板夹住，扎带固定。

（4）每天换一次纸，约四五天，直到藻类彻底风干，成为标本。

分析与结论

将各种藻类标本摆放在一起，观察蓝藻、红藻、绿藻等藻类之间的不同，对藻类进行认识、了解。

第四节　探究海水密度变化

技能实验室

课题

你能否设计并制作一个用来探测液体密度差异的工具？

技能

做一个密度计的样计，指定一种溶液，排除故障。

材料

图钉、250毫升的烧杯、带橡皮的铅笔、米尺、尖头的标识笔、温度计、冰块、天平、水、勺子、食盐。

研究和调查

（1）度量液体密度的一种方法是使用密度计。用未削过的木头铅笔就能做一个简单的密度计。

（2）以铅笔未削过的一端为起点，用标识笔沿着铅笔的一侧每隔2毫米标一个记号，在厘米的整数处画一个较长的标记，直至做完5厘米的标记。

（3）从铅笔未削过的一端开始，把每个长记号做上标记。

（4）在铅笔带橡皮的一端，插入一个图钉做重物。小心不要被图钉的尖头刺到。

（5）将带刻度的250毫升圆烧杯灌满水（在室温下），把橡皮端朝下的铅笔插入水中。

（6）通过增加、减少并调整插在橡皮上的图钉方位，确保铅笔直立，

并约有 2 厘米露出水面。

（7）在笔记本上记下水温，记下自制的密度计与水面相平处的数值。

（8）用冷水灌满有刻度的圆筒，把自制的密度计插入水中，使带橡皮的一端朝下，然后重复第 7 步。

设计和制作

（1）用在第一部分中学到的知识，设计并制作一个能测出不同水样水密度差异的密度计，密度计应该达到以下要求：

- 能够测量热水和冷水之间的密度差；
- 能够测量盐水和淡水之间的密度差；
- 用老师同意的材料制作。

（2）在笔记本上草拟一下你的设计方案，并列出所需材料的清单。写一个你将如何制作密度计的计划。经老师同意后，制作你的密度计。

评估并重新设计

（1）通过测量不同温度下的水的密度，来检测密度计的功能，然后检测含盐量不同的水样。制作一个记录用的数据表。

温度（摄氏度）	含盐量 盐（克）、水（升）	密度计读数

（2）根据你的检测结果，确定如何改进密度计设计。例如，如何才能

对你的设计进行改进，以便于密度计能检测到水密度的细微差异。经老师同意后，做必要的修改，并对重新设计后的密度计进行检测。

分析和结论

（1）推论：解释为什么冷水的密度大于热水，为什么盐水的密度大于淡水。

（2）制作：密度计的样计。在"研究和调查"，你所做的"铅笔"密度计使用起来如何？你遇到了哪些麻烦？

（3）设定某种溶液：你是怎样把"研究和调查"中所学的东西用于"设计和制作"中的密度计的设计的？例如，你设计的密度计如何针对"研究和调查"中遇到的问题提出解决办法？

（4）排除故障：在"评估并重新设计"中，当你计量不同水的密度的水样时，密度计操作效果如何？

（5）评估设计：浮力、材料、时间、成本或其他因素，使你的密度计设计和功能受到哪些局限？请描述，如何让自己的设计在有局限的条件下工作。

交流

制作一幅有益的海报来描述你的密度计是如何工作的。把密度计的插图和有关水密度的背景知识都呈现出来。

第五节　思维殿堂——探究海底地貌

提出问题

假如你是一名海洋学家，正沿北纬 45° 横跨太平洋。你和同伴们的任务是运用声呐设备绘制从加拿大新斯科舍到法国小镇波尔多之间的海底地形剖面图。你将如何获得数据并判断海底地貌呢？

知识拓展

纬度

我们通常说的纬度指的是近地面纬度，其数值在 0°~90° 之间。位于赤道以北的点的纬度称为北纬，记为 N；位于赤道以南的点的纬度称为南纬，记为 S。

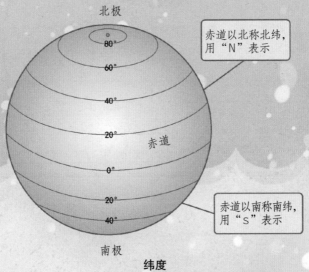

纬度

经度

地球上连接南北两极的坐标线称为经线。国际上规定，英国原格林尼治天文台所在经线为0°，也称为本初子午线，其向东西方向各延伸180°。本初子午线以东的经度称为东经，用"E"表示；本初子午线以西的经度称为西经，用"W"表示。

地形剖面图

地形剖面图是指地表某一直线方向上的垂直剖面图，其直观地表现了地面的起伏变化、坡度等情况。

探究材料

铅笔、橡皮、刻度尺、白纸。

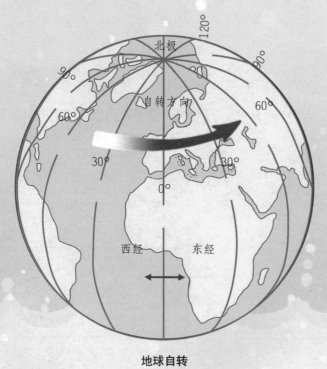

地球自转

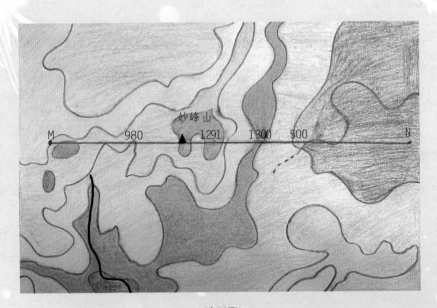

地形图

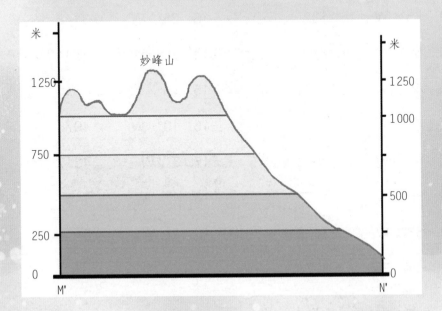

绘制地形剖面图

探究步骤

（1）在白纸上画出横、纵坐标轴：横轴表示经度，从左到右为65° W~0° W；纵轴表示海洋深度，轴线最顶端为0米，代表海面；最低端为5000米，代表海面以下5000米，将坐标轴分成合理的等份。

（2）将表中的19个点标注在坐标轴上。注意，海洋深度是指从海平面向下测得的数值。

（3）将坐标轴上标注的19个点用平滑的曲线连接起来，画出海底纵剖面图。

海洋深度（声呐数据）

经度	海洋深度（米）	经度	海洋深度（米）
1. 64° W	0	11. 28° W	1756
2. 60° W	91	12. 27° W	2195
3. 55° W	132	13. 25° W	3146
4. 50° W	73	14. 20° W	4244
5. 48° W	3512	15. 15° W	4610
6. 45° W	4024	16. 10° W	4976
7. 40° W	3805	17. 5° W	4317
8. 35° W	4171	18. 4° W	146
9. 33° W	3439	19. 1° W	0
10. 30° W	3073		

分析与结论

根据地形剖面图描绘该航线的海底地貌类型。

第六节　贝壳堤活动设计

趣味链接

提到贝壳，凡是去过海边的人都会做的一件事情就是——捡贝壳。这些贝壳来自大海中，它们死亡后随着洋流来到了海岸边。日积月累，越来越多的贝壳堆积在一起。想象一下那会是什么样子呢？

资源档案

贝壳堤

贝壳堤是一种特殊的海岸堤，由贝壳及其碎片连同细砂、粉砂、泥炭、淤泥等物质堆积而成。贝壳堤形成于涨潮至高潮时，能够反映地貌的变迁，对于认识地质演变有重要意义，因此，贝壳堤受到科学家们的重视和研究。目前世界上有三大古贝壳堤，即美国路易斯安那州贝壳堤、南美苏里南贝壳堤和中国天津贝壳堤。

天津贝壳堤

天津贝壳堤位于天津东部的津南、大港、塘沽等地，长度从数十米到几百米不等。天津的陆上堆积平原自陆向海排列，有四道与海岸线大致平行的贝壳堤，代表了四个不同时期的海岸位置，反映了天津地区自古以来的海陆变化情况和古生物情况，是珍贵的海洋遗迹，具有重要的科学研究价值。

探究活动

活动地点 1

天津古林古海岸遗迹博物馆。

走进博物馆

天津古林古海岸遗迹博物馆，包括地下一层和地上两层。地下部分为古贝壳堤剖面展示区，该展区展出的古贝壳堤剖面层次分明、出露清晰、规模宏大、连续性好、具有典型性，属第二道贝壳堤最古老的一段。它真实地记录了历史变迁过程，在世界三大古贝壳堤中，它的层次最为丰富，贝壳含量最高，规模最宏大。

天津古林古海岸遗迹博物馆

走近科学

通过自行参观、记录解决以下三个问题。

（1）什么是贝壳堤？

（2）贝壳堤是什么样子的？

（3）贝壳堤是怎样形成的？

活动规定：耗时不得超过 1.5 小时，要在规定的时间内完成任务，并交流研究心得，完成研究报告。

例：走进博物馆。

走进博物馆

一、什么是贝壳堤?

二、贝壳堤是什么样子的?

三、贝壳堤是怎样形成的?

活动地点 2

天津贝壳堤湿地公园。

走进公园

贝壳堤湿地公园的规划定位为，以保护贝壳堤古海岸遗址、湿地生态系统及各种动植物为出发点，重塑并恢复湿地生态系统的保护性湿地公园。公园总面积为 68 万平方米，总投资约为 7 亿元，目前总占地 40 万平方米的一期工程基本完成，共栽植了杨树、泡桐、火炬、白蜡、樱花，西府海棠、金叶接骨木、小龙柏等上百种植物，形成了竹木茂密、绿草如茵的美景。

天津贝壳堤

走近科学

湿地被称为世界之肾，可见湿地对于地球来说多么重要。因此，了解湿地才能够更好地保护湿地。走进贝壳堤湿地公园，结合在博物馆中的研究报告，设计一份自己的研究报告。研究报告中至少要涉及整个湿地公园的概况、植被情况、动物分布情况及数量、存在的问题等。

活动建议

每 5 个人为 1 个小组，小组中做好责任分工，对于获得的资料进行完整的积累。

活动规定

探究的时间不得超过 3 小时。最终每组将自主编制的表格汇总，交给带队教师，由带队教师评选出最佳研究报告。

参考文献

[1] 张洪.中学教师实用地理辞典 [M].北京：北京科学技术出版社，1989.

[2] 冯军.丈量地球第四极——人类海洋深度测量史回顾 [J].生命世界.2005(7).44.

[3] 龚勋，邢涛.中国学生百科全书——地球真相 [M].天津：天津科学技术出版社，2009.

[4] 徐勇.四大洋名称的来历 [J].中学政史地—初中地理，2006(11).24-25.

[5] 黄锡筌.水文学 [M].北京：高等教育出版社，1985.

[6] 曹琦.中国中学教学百科全书——地理卷 [M].上海：华东师范大学出版社，1994.

[7] 谢远云，何葵.地貌学基础 [M].哈尔滨：哈尔滨地图出版社，2010.

[8] 人民教育出版社　课程教材研究所　地理课程教材研究开发中心.海洋地理 [M].北京：人民教育出版社，2016.

[9] 帕迪利亚.科学探索者——地球上的水 [M].3 版.崔波，译.杭州：浙江教育出版社，2013.

[10] 徐帮学.海洋变迁——趣话海洋知识 [M].石家庄：河北科学技术出版社，2013.

[11] 安娜.蔚蓝旖旎的海洋世界 [M].北京：北京工业大学出版社，2012.

[12] 朱晓东，等.海洋资源概论 [M].北京：高等教育出版社，2005.

[13] 冯士筰，李凤岐，李少菁，等.海洋科学导论 [M].北京：高等教育出版社，1999.

[14] 侯红霞.海之馈赠:海洋资源大观 [M].石家庄：河北科学技术出版社,2013.

[15] 彭补拙，濮励杰，黄贤金，等.资源学导论 [M].南京：东南大学出版社，2007.

[16] 尹钢.彩色图说青少年必知的动物系列——海洋动物 [M].北京：北京工业大学出版社，2012.

[17] 纪志永，袁俊生，李鑫钢，等.锂离子筛的制备及其交换性能研究 [J].离子交换与吸附，2006(4):323-329.

[18] 王刚.沿海滩涂的概念界定 [J].中国渔业经济，2013（1）：99-104.

[19] 曹世娟，黄硕林，郭文路.渔业管理中的投入控制制度分析 [J].中国渔业经济，2002（4）：10-12.

[20] 聂启义.我国远洋渔业管理政策研究 [D].上海：上海海洋大学，2011.

[21] 刘水良.广东省海洋自然保护区可持续发展 [D].广州：华南师范大学，2005.

[22] 孙昭研.关于完善我国海洋自然保护区法律制度的思考 [J].法制与社会，2013(21)：2.

[23] 林炜，陈洪强.可持续发展理论与我国海洋生物资源的开发利用 [J].生物学通报，2002（9）.20-23.

[24] 傅秀梅，王长云.海洋生物资源保护与管理 [M].北京：科学出版社，2008.

[25] 辛仁臣，刘豪.海洋生物资源 [M].北京：中国石化出版社，2008.

[26] 刘成武，黄利民.资源科学概论 [M].北京：科学出版社，2007.

[27] 沈国英，黄凌风，郭丰，等.海洋生态学 [M].北京：科学出版社，2011.

[28] Haefner B.Drugs from the deep：marine naturai products as drug candidates[J].Drug Discovery Today，2003，8(12):536-544.

[29] 中国海洋学会 http://www.cso.org.cn/Hykp//2012/0321/74.html.

探索神秘的海洋世界

为了帮助你更好地阅读本书，我们提供了以下线上服务

▼ ▼ ▼

【海洋深处的奥秘】

★ 走进浩瀚海洋，探索神秘的海洋世界

【海洋生命大启蒙】

★ 化身生物学家，了解居住在海洋里的神奇居民

【科普知识小测试】

★ 争做科普小达人，海洋科普百问百答

微信扫码，添加智能阅读小书僮

☑ 获取海洋状况资讯

☑ 加入专属阅读社群